飼料生産基盤と
土地利用型酪農経営の展開
北海道酪農を対象に

濱村 寿史 著

筑波書房

はしがき

　北海道の東部及び北部では粗飼料を自給する土地利用型酪農が展開している。我が国における乳牛の約6割は北海道で飼養されており，北海道酪農は生乳の主な供給源としての役割を担っている。さらに，土地利用型酪農は食料自給率の向上，資源循環，条件不利地域における農地の有効活用等の役割を期待されている。

　北海道における土地利用型酪農は大きく，十勝・オホーツク地域における畑地型酪農と根釧・天北地域における草地型酪農に分類され，飼料生産基盤（飼料生産の基礎となる草地及び普通畑）の違いに起因し，コストや収益性水準が異なることが指摘されている。このため，飼料生産基盤に応じた，酪農経営の展開方向を示すことが必要である。

　我が国の酪農は担い手不足や施設の老朽化といった課題に直面しており，酪農生産基盤（酪農生産の基礎となる土地及び施設）の維持が危ぶまれているが，土地利用型酪農が展開する北海道も例外ではない。

　これに対し，「酪農及び肉用牛生産の近代化を図るための基本方針」（農林水産省，2010年，2015年，2020年）では放牧や搾乳ロボット等の新技術の導入，TMRセンター等の外部支援組織の活用を通じて労働負担を軽減しつつ，家畜や施設への投資，飼養頭数規模拡大を後押しするとしている。

　そこで，本書は，北海道で展開する土地利用型酪農経営を対象とし，飼料生産基盤の違いに着目しつつ，政策で推し進められている飼養頭数規模拡大，搾乳ロボットの導入，放牧，TMRセンターへの加入が土地利用型酪農経営のコストや収益性に及ぼした影響を明らかにすることで，飼料生産基盤に応じた土地利用型酪農経営の展開方向と，それを支えるTMRセンターの機能について考察する。

　なお，本書の分析対象期間は，乳価や資材価格等の取引条件が安定している中で，飼養頭数規模拡大や搾乳ロボットの導入が進展した2010年代であり，

2020年以降のコロナ禍による需給緩和や資材価格の高騰といった「酪農危機」の影響については分析できていない。しかし，2010年代に推し進められた政策が土地利用型酪農に及ぼした影響を明らかにすることは，「酪農危機」を乗り越えた後の未来を展望する上で必要不可欠であると考える。

　本書が飼料生産基盤に立脚した土地利用型酪農の振興を目指す農業者，行政・農業団体・普及関係者の参考になることを祈念し，はしがきとする。多くの方々からのご批判やご教示をいただければ幸いである。

目　次

はしがき………………………………………………………………3

序章　本書の課題……………………………………………… 11

第1部　飼料生産基盤が土地利用型酪農経営のコスト及び収益
　　　　性に及ぼす影響………………………………………… 19

第1章　北海道における土地利用型酪農の動向と地域性………… 21
　第1節　課題……………………………………………………… 21
　第2節　北海道酪農の特徴……………………………………… 21
　第3節　土地利用型酪農の動向………………………………… 24
　第4節　土地利用型酪農の地域性……………………………… 30
　第5節　小括……………………………………………………… 35

第2章　飼料生産基盤が牛乳生産費に及ぼす影響と規模階層間差
　　……………………………………………………………………39
　第1節　課題……………………………………………………… 39
　第2節　飼料生産基盤別・飼養頭数規模別にみた生産要素の投入・産出
　　……………………………………………………………………40
　第3節　飼料生産基盤別・飼養頭数規模別にみた牛乳生産費…… 44
　第4節　飼養形態別にみた牛乳生産費………………………… 47
　第5節　小括……………………………………………………… 49

第3章　飼料生産基盤が搾乳牛舎投資及びスマート農業技術導入の
　　　　経済性に及ぼす影響 ··· 53
　第1節　課題 ·· 53
　第2節　飼料生産基盤が酪農経営における搾乳牛舎投資の経済性に及ぼす
　　　　　影響 ·· 55
　第3節　道東・草地型酪農地帯におけるスマート農業技術導入の経済性
　　　　　·· 62
　第4節　小括 ·· 70

第4章　草地型酪農地帯における放牧経営の持続に向けた課題と
　　　　フリーストール牛舎導入が牛乳生産費に及ぼす影響 ······ 75
　第1節　課題 ·· 75
　第2節　草地型酪農地帯における放牧経営の持続に向けた課題 ········ 76
　第3節　フリーストール牛舎導入が放牧方式及び牛乳生産費に及ぼす影響
　　　　　·· 82
　第4節　小括 ·· 89

第5章　草地型酪農地帯の酪農経営における和牛繁殖部門の経済性
　　　　·· 93
　第1節　課題 ·· 93
　第2節　酪農経営における和牛繁殖部門の導入目的 ······················· 95
　第3節　酪農経営における和牛繁殖部門導入の経済性 ···················· 97
　第4節　小括 ·· 100

第 2 部　土地利用型酪農におけるTMRセンターの機能　……… 103

第 6 章　北海道におけるTMRセンターの動向　……………… 105
第 1 節　課題　…………………………………………………… 105
第 2 節　TMRセンターの設立動向とシェア　………………… 105
第 3 節　TMRセンターの作業体制と事業内容　……………… 108
第 4 節　小括　…………………………………………………… 111

第 7 章　TMRセンターへの加入が牛乳生産費及び酪農経営の収益性に及ぼす影響　……………………………………… 113
第 1 節　課題　…………………………………………………… 113
第 2 節　TMRセンターへの加入が大規模酪農経営の牛乳生産費に及ぼす影響　……………………………………… 115
第 3 節　TMRセンターが草地型酪農地帯における中小規模酪農経営の収益性に及ぼす影響　……………………… 122
第 4 節　小括　…………………………………………………… 129

第 8 章　道北酪農地帯における酪農生産基盤の維持に向けてTMRセンターに求められる機能と課題　……………… 133
第 1 節　課題　…………………………………………………… 133
第 2 節　対象地域の概況　……………………………………… 133
第 3 節　類型別にみた酪農経営の特徴と課題　……………… 137
第 4 節　TMRセンターの機能と課題　………………………… 140
第 5 節　小括　…………………………………………………… 146

第9章 TMRセンターにおける雇用導入が自給飼料費用価に及ぼす影響と人材確保の課題 ……………………………… 149

- 第1節 課題 ……………………………………………………… 149
- 第2節 常勤オペレータを雇用するTMRセンターの特徴 ……… 150
- 第3節 常勤オペレータ雇用に伴う作業体制の変化 …………… 152
- 第4節 常勤オペレータ雇用に伴う自給飼料費用価の変化……… 154
- 第5節 多角化するTMRセンターにおいて求められる人材確保に向けた課題 …………………………………………………… 156
- 第6節 小括 ……………………………………………………… 157

第10章 牧草サイレージ生産原価の圃場間格差とTMRセンターによる農地集積の経済性 ……………………………………… 159

- 第1節 課題 ……………………………………………………… 159
- 第2節 対象の概要と農地集積の経緯 …………………………… 160
- 第3節 牧草サイレージ生産原価の圃場間格差と農地集積の経済性… 162
- 第4節 小括 ……………………………………………………… 165

終章 飼料生産基盤に応じた土地利用型酪農経営の展開方向とTMRセンターの機能 ……………………………………… 169

- 第1節 飼料生産基盤に応じた土地利用型酪農経営の展開方向 …… 169
- 第2節 土地利用型酪農におけるTMRセンターの機能 ………… 173
- 第3節 持続的な土地利用型酪農の確立に向けて ……………… 178

[引用文献] ……………………………………………………………………… 181

あとがき ……………………………………………………………………… 187

初出一覧 ……………………………………………………………………… 190

序章　本書の課題

　北海道では，低地代を背景に粗飼料を自給する土地利用型酪農が展開している。北海道における土地利用型酪農の形成，展開に関する知見としては鵜川（2006）がある。鵜川（2006）は，広く北海道酪農の形成過程や技術構造，収益構造について分析した上で，草地型酪農地帯における「70年代形成」型経営の優位性を指摘している。「70年代形成」型経営とは，その名の通り，1970年代に投資・形成された牛舎施設を中心とした，経営耕地面積30 〜 50ha程度，経産牛飼養頭数40 〜 80頭程度の中規模酪農経営を指す。「70年代形成」型経営は土地利用型酪農生産技術に適合的であり，安定性が高く，国民的な支持も得られやすいことから，「70年代形成」型経営に多大な行政コストをかけて一層の規模拡大を進めるのではなく，「70年代形成」型経営の酪農生産方式[注1]の通用期間をいかに延長させうるかが目標になるとしている。

　しかし，2000年以降，乳価や飼料価格等の交易条件が安定していた期間も含めて，乳牛飼養戸数は右肩下がりで減少している。また，1970年代に建設された搾乳牛舎の多くは，その後，建て替えられることなく，更新時期を迎えている。乳牛飼養戸数減少の要因としては，酪農における労働時間の長さ，労働負担の大きさが指摘されている。さらに，岡田（2020）は，「子が家を継ぐ」という役割規範による担い手形成サイクルの後退の下で，牛舎施設への投資回避，新規就農困難化という負のスパイラルが生じているとしている。

　こうしたことを背景としつつ，また，交易条件の変動や政策[注2]の影響も受けながら，2000年以降の北海道酪農では以下の変化がみられる。

　第一に，飼養頭数規模の拡大である。2000年に50頭であった平均経産牛飼

養頭数は2020年には79頭に達し，家族労働力の限界を超えつつある。一方，飼料作物作付面積は横ばいであることから，経産牛1頭当りの飼料作物作付面積は減少している。また，飼養頭数規模拡大に伴い，放牧を実施する酪農経営体数の割合は減少傾向にある。

　第二に，TMRセンターの増加である。TMRセンターとは，濃厚飼料・粗飼料・ミネラル等全てを混合した飼料であるTMR（total mixed ration）を供給する組織であり，北海道におけるTMRセンターは「農場制型TMRセンター」とも称され，構成員の土地を集団的に利用し，粗飼料の生産からTMRの製造・配送まで行うものが多い。北海道においては，粗飼料生産まで担うTMRセンターが1998年以降相次いで設立されており，2020年時点におけるTMRセンターの数は80を超え，その構成員数は酪農経営の11％を占めるに至っている。

　第三に，搾乳ロボットや自動給餌機といったスマート農業技術の普及である。特に，近年の搾乳ロボットは各種センサーと連動することで繁殖や疾病データを収集することが可能となり，単なる省力化のためのロボット技術にとどまらず，IoT技術としての側面を有するに至っている。2015年から実施されている畜産クラスター関連事業の下で，北海道における搾乳ロボットの導入は急速に進展しており，2015年では2.7％に過ぎなかった普及率は，2021年には8.1％に達している。

　なお，このような変化には地域差がみられる。すなわち，十勝地域では，急速に飼養頭数規模の拡大，搾乳ロボットの導入が急速に進展し，乳牛飼養頭数も増加しているが，必ずしも飼料生産基盤（飼料生産の基礎となる草地及び普通畑）の拡大を伴っておらず，粗飼料の確保が課題となっている。一方，根釧地域（根室地域及び釧路地域），天北地域（宗谷地域及び留萌・上川地域の北部）では，乳牛飼養戸数，乳牛飼養頭数の減少に歯止めがかからず，農地の維持が課題となっている。特に天北地域では飼養頭数規模の拡大が停滞しており，搾乳ロボットの普及率も低い。TMRセンターは，当初，天北地域やオホーツク地域において多く設立され，その後，根室地域，十勝

地域に拡がっている。

　このような地域差の要因として，飼料生産基盤の違いが考えられる。鵜川（2019）は酪農経営を飼料生産基盤の違いによって，北海道の根釧地域や天北地域，都府県の山間地域に立地する草地型酪農，北海道の十勝・網走（オホーツク）地域や都府県の戦後開拓地に立地する畑地型酪農，水田酪農に類型化している。十勝・オホーツク地域といった畑地型酪農地帯[注3]では，養分摂取可能量を高めやすい飼料用とうもろこしが作付可能であり，乳量水準を高めやすいが，地代水準が高く，乳牛飼養頭数規模に応じた飼料生産基盤の確保が難しい。一方，根釧地域，天北地域といった草地型酪農地帯では，地代水準は低く，飼料生産基盤確保のハードルは相対的に低いが，自給可能な粗飼料が牧草サイレージに限られ，乳量水準を高めにくい。さらに，草地型酪農地帯では，受託側の収益形成力が低いことから，粗飼料生産作業を受託するコントラクターが成立しにくいことが指摘されている[注4]。また，同じ草地型酪農地帯でも道東の根釧地域と道北の天北地域では飼料生産基盤が異なることが知られている[注5]。飼料生産基盤の違い[注6]は乳量水準，さらにはコスト，収益性の格差を生じさせ，酪農経営の展開に影響を及ぼしていると考えられる。このような飼料生産基盤を巡る制約を解消する手段として，TMRセンターが期待されている。

　そこで，本書では，北海道で展開する土地利用型酪農経営を対象とし，飼料生産基盤の違いに着目しつつ，政策で推し進められている飼養頭数規模拡大，スマート農業技術の導入，TMRセンターへの加入が土地利用型酪農経営のコストや収益性に及ぼした影響を明らかにすることで，飼料生産基盤に応じた土地利用型酪農経営の展開方向と，それを支えるTMRセンターの機能について考察する。

　本書の構成は，以下の通りである。

　第一部では，北海道酪農の動向を概観した上で，飼料生産基盤の違いに着目しつつ，飼養頭数規模拡大，搾乳ロボット，放牧，和牛繁殖部門の導入が土地利用型酪農経営のコストや収益性に及ぼす影響について検討する。

第1章では，既存の統計資料に基づき，北海道酪農の特徴と動向，地帯差について整理し，北海道では，乳牛飼養戸数の減少と飼養頭数規模の拡大，労働時間の増加と搾乳ロボット導入が進展していること，ただし，このような動向には地帯差がみられること，その要因として飼料生産基盤及び，その下での生産性・収益性の違いが示唆されることを示す。

　第2章では，牛乳生産費個票の組替集計に基づき，飼料生産基盤と牛乳生産費の関係及び規模階層間差について分析し，飼料生産基盤に応じて飼養頭数規模拡大とコスト低減に向けた方策は異なることを明らかにする。

　第3章では，飼料生産基盤の違いが土地利用型酪農経営における投資の経済性に及ぼす影響について分析し，牧草作付面積比率が高い経営ほど，投資限界が低くなる傾向があること，道北・草地型酪農地帯の搾乳ロボット導入事例における経産牛1頭当り投資限界はフリーストール牛舎・搾乳ロボット導入に係る牛床[注7]当り投資額を下回っていることを明らかにする。さらに，道東・草地型酪農地帯を対象として，搾乳ロボット導入が投入・産出及びコストに及ぼす影響について分析し，コストが乳代を下回るためにはデータ活用，多回搾乳による繁殖成績，乳量の向上が必要になることを明らかにする。

　以上を通じて，特に，飼料用とうもろこし作付けが行われず，乳量水準が低い道北・草地型酪農地帯においては，畑地型酪農地帯や道東・草地型酪農地帯に比べて，搾乳牛舎の更新に際した搾乳ロボット導入のハードルが高いことが示される。

　そこで，第4～5章では，飼料生産基盤に応じた，より必要投資額が少ない経営展開として，放牧経営（夏季放牧を行う酪農経営）におけるフリーストール牛舎導入，和牛繁殖部門導入の経済性を評価する。

　第4章では，草地型酪農地帯における放牧経営を対象として，経営資源の保有・利用状況，その下での農業所得と労働時間の水準について，飼養形態[注8]（通年舎飼いまたは夏季放牧），搾乳機による違いを明らかにするとともに，他産業の水準と比較し，放牧経営の持続化に向けては，フリーストール牛舎・ミルキングパーラー導入による省力化が重要であることを明らかに

する。その上で，フリーストール牛舎導入による放牧方式の変化，及び，牛舎形態や放牧方式の違いが牛乳生産費に及ぼす影響について分析し，労働力，放牧地面積が限られる下でも，粗放的な中牧区・昼夜放牧を採用することで，フリーストール牛舎導入による省力化と放牧によるコスト低減は両立しうることを明らかにする。

第5章では，草地型酪農地帯における和牛繁殖部門を導入する酪農経営を対象として，和牛繁殖部門の経済性を明らかにするとともに搾乳部門と比較し，和牛繁殖部門を導入することで，労働生産性，資本生産性を向上させることができることを明らかにする。

第二部では，TMRセンターが土地利用型酪農経営のコストや収益性，酪農生産基盤に及ぼす影響について検討する。

第6章では，既存の統計資料及び事例調査に基づき北海道におけるTMRセンターの動向を整理し，初期に道北・草地型酪農地帯で設立されたTMRセンターと，近年，道東・草地型酪農地帯，畑地型酪農地帯で設立されたTMRセンターには構成員の規模や事業内容に違いがみられることを示す。

第7章では，TMRセンターへの加入が酪農経営の牛乳生産費，農業所得に及ぼす影響と飼料生産基盤，飼養頭数規模の関係について分析する。まず，畑地型酪農地帯及び草地型酪農地帯におけるTMRセンター加入経営を対象として，TMRセンターへの加入が大規模酪農経営の投入・産出及び牛乳生産費に及ぼす影響について分析し，余剰農地を抱える中小規模酪農経営を構成員に含むTMRセンターへの加入は，特に畑地型酪農地帯における大規模酪農経営のコスト低減に寄与することを明らかにする。さらに，草地型酪農地帯におけるTMRセンター加入経営を対象として，TMRセンターへの加入が飼養管理，収益性に及ぼす影響について分析し，飼養管理の大幅な変更が必要となる中小規模経営では，TMRセンター加入に伴い収益性が悪化しやすいことを明らかにする。

第8章では，道北・草地型酪農地帯における集落悉皆調査を通じ，酪農生産基盤（酪農生産の基礎となる土地及び牛舎・サイロ等の施設）の維持に向

けてTMRセンターに求められる機能を明らかにするとともに，TMRセンターの持続安定化に向けた課題について検討する。

第9章では，TMRセンターにおける労働力確保の課題を取り上げ，粗飼料生産作業の外部委託が困難化する中で常勤オペレータを雇用する草地型酪農地帯のTMRセンターを対象として，常勤オペレータ雇用及び酪農ヘルパー事業導入が自給飼料費用価に及ぼす影響を明らかにするとともに，多角化するTMRセンターにおいて求められる人材確保に向けた課題について検討する。

第10章では，TMRセンターの離農跡地受け皿機能を取り上げ，草地型酪農地帯のTMRセンターを対象として，牧草サイレージの生産原価の圃場間格差，農地集積の経済性について分析し，TMRセンターが離農跡地を引き受ける上での課題について検討する。

以上を踏まえて，終章では，飼料生産基盤に応じた土地利用型酪農経営の展開方向と，それを支えるTMRセンターの機能について考察する。

注1） 鵜川（2006）では，「70年代形成」型経営の酪農生産方式を飼料自給率が高く，相対的に自立性の高い（外部依存度合いの低い）生産方式であるとし，それを採用する酪農経営の具体例として，繋ぎ飼い牛舎を用い，放牧も行いつつ，ロールベーラやワンマンハーベスタ等新しい機械の導入に基づき飼料生産を高度化（省力化と高品質化）させながら，飼養管理技術水準を低下せることなく，個体乳量8,000kg/頭を実現している経営群を挙げている。

注2） 「酪農及び肉用牛生産の近代化を図るための基本方針」（農林水産省，2010年）では，規模拡大等による生産コストの引下げ，放牧の推進や搾乳ロボットの活用，TMRセンター等支援組織の育成による省力化が掲げられている。

注3） 本書では，鵜川（2020）及び岩崎・牛山（2006）に準じ，十勝地域，網走（オホーツク）地域を畑地型酪農地帯，根釧地域（根室地域及び釧路地域），天北地域（宗谷地域及び天塩町，中川町，音威子府町）を草地型酪農地帯とする。北海道における地帯構成とその形成要因については，

岩崎・牛山（2006）を参照のこと。
注4）岡田（2020）参照。
注5）北海道農業構造研究会（1986）は，根釧地域と比べた宗谷地域における土地利用等の特徴として，放牧地比率の高さ，デントコーン導入の少なさ，牧草単収の低さを挙げ，地形条件や土壌条件，圃場分散が集約的な土地利用を阻害していることを指摘している。また，岡田（2020）は，宗谷地域の平坦部では灰色低地土や泥炭土など，暗渠をめぐらし継続的な排水対策が必要な土壌が広がること，沢沿い，傾斜地が多いことから1筆当り区画の小ささと農地の分散保有につながっていることを指摘し，根室地域に比べて地勢・土壌条件が劣るとしている。以上を踏まえて，本書では草地型酪農地帯を道東・草地型酪農地帯（根室地域，釧路地域）と道北・草地型酪農地帯（天北地域）に区分する。
注6）本書では飼料生産基盤の違いを表す指標として，飼料生産の基礎となる草地及び普通畑（主に飼料用とうもろこしが作付けされる）の面積及び比率を用いる。
注7）牛床（牛の寝床）の数は牛舎の飼養可能頭数の目安を表しており，経産牛1頭当り投資限界が牛舎新築に係る牛床当り投資額を下回ることは，新たに建設した牛舎における生産だけでは投資を回収することができない恐れがあることを意味する。
注8）本書では荒木（2012）に準じ，飼養形態を夏季における放牧の実施有無により，通年舎飼いと夏季放牧に区分する。

第1部　飼料生産基盤が土地利用型酪農経営のコスト及び収益性に及ぼす影響

第1章　北海道における土地利用型酪農の動向と地域性

第1節　課題

　本章では，既存の統計資料に基づき，北海道酪農の特徴と動向，地帯差について整理する。

　まず，飼料生産基盤及び飼料構造について，北海道酪農と都府県酪農を比較する。次に，乳牛飼養頭数，乳牛飼養経営体数，労働時間，農業所得の推移とフリーストール牛舎，搾乳ロボットの導入状況を整理する。さらに，飼料生産基盤と生産性，収益性の地帯差について概観する。

第2節　北海道酪農の特徴

　北海道の酪農経営は，都府県の酪農経営に比べて，土地面積が大きい（**表1-1**），流通飼料費が少ない（特に粗飼料）（**表1-2**），自給サイレージの給与量が多い（**表1-3**）といった特徴を有する。すなわち，北海道では，豊富な飼料生産基盤活かし，粗飼料の多くを自給する土地利用型酪農が展開している。

　飼料作物は水稲や畑作物に比べて10a当り投下費用，労働時間が少ないが（**図1-1**），地代負担力も低いことから，土地利用型酪農は地代水準が低い道東，道北の畑地地帯（十勝地域，オホーツク地域），草地地帯（根室地域，釧路地域，宗谷地域）を中心に展開している（**表1-4**）。

第1部　飼料生産基盤が土地利用型酪農経営のコスト及び収益性に及ぼす影響

表1-1　地域別及び飼養頭数規模別にみた土地面積

	経営体数 (経営体)	経産牛 飼養頭数 (頭)	耕地 小計 (a)	田 (a)	畑 (a)	牧草地 (a)	放牧地 (a)
北　海　道	227	83	6,333	45	713	5,575	506
〜19頭	12	14	2,076	258	644	1,174	159
20〜29頭	12	26	3,018	96	701	2,221	773
30〜49頭	56	42	4,077	29	358	3,690	776
50〜99頭	97	73	6,637	21	573	6,043	554
100〜199頭	39	143	8,084	26	841	7,217	226
200頭〜	11	263	15,561	-	2,635	12,926	195
都　府　県	181	46	891	234	256	401	3
〜19頭	35	14	669	327	168	174	11
20〜29頭	27	25	579	172	221	186	-
30〜49頭	53	39	902	163	222	517	-
50〜99頭	51	68	1,153	287	430	436	-
100〜199頭	12	137	1,699	250	528	921	-
200頭〜	3	298	1,937	42	-	1,895	-

資料：令和2年度畜産物生産費統計

表1-2　流通飼料費

(円/頭)

		都府県	北海道
濃厚飼料	穀　　　　類	9,777	9,197
	ぬ か ・ ふ す ま 類	394	735
	植 物 性 か す 類	28,268	23,582
	配 　合 　飼 　料	173,943	131,105
	小　　　　計	212,382	164,619
粗飼料	わ　ら　類	488	8
	生　 牧 　草	10	-
	乾　 牧 　草	135,370	4,292
	サ イ レ ー ジ	13,493	4,565
	そ 　の 　他	33,465	19,636
	小　　　　計	182,826	28,501
その他	T　　M　　R	36,392	60,840
	牛 乳 ・ 脱 脂 乳	13,136	6,299
	いも及び野菜類	44	-
	小　　　　計	49,572	67,139
	計	444,780	260,259

資料：令和2年度畜産物生産費統計

第1章 北海道における土地利用型酪農の動向と地域性

表1-3 自給牧草の使用数量

				都府県	北海道
サイレージ	いね科牧草	デントコーン	(kg/頭)	1,603	2,421
		イタリアンライグラス	(kg/頭)	454	-
		ソルゴー	(kg/頭)	73	9
		その他	(kg/頭)	244	265
	まぜまき	いね科を主とするもの	(kg/頭)	267	6,420
		その他	(kg/頭)	2	-
乾牧草	いね科牧草	デントコーン	(kg/頭)	3	-
		イタリアンライグラス	(kg/頭)	8	-
		ソルゴー	(kg/頭)	9	-
		その他	(kg/頭)	42	27
	まぜまき	いね科を主とするもの	(kg/頭)	81	309
		その他	(kg/頭)	33	-
稲発酵粗飼料			(kg/頭)	47	-
放牧時間			(時間)	1	561

資料：令和2年度畜産物生産費統計

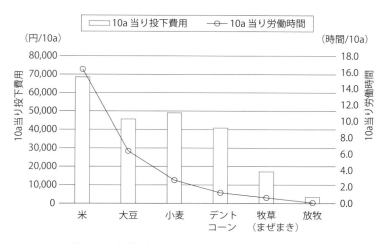

図1-1 作物別にみた10a当り投下費用及び労働時間
資料：平成30年度農産物生産費，平成30年度畜産物生産費

第1部　飼料生産基盤が土地利用型酪農経営のコスト及び収益性に及ぼす影響

表1-4　地域別にみた乳牛飼養頭数及び経営耕地の状況

			乳用牛飼養頭数（頭）	経営耕地面積（ha）	構成比率			
					田（%）	普通畑（%）	樹園地（%）	牧草専用地（%）
道南	渡	島	15,298	19,815	21	32	0	47
	檜	山	4,199	16,061	43	36	0	21
道央	石	狩	14,385	34,119	47	40	0	13
	空	知	4,791	102,842	72	24	0	3
	日	高	8,869	28,764	7	28	0	64
	胆	振	8,639	26,003	29	43	1	27
	後	志	4,424	26,807	26	57	4	12
道東	十	勝	234,400	233,024	0	71	0	29
	オホーツク		109,965	148,053	1	68	0	30
	根	室	176,750	109,084	-	8	-	92
	釧	路	120,245	85,699	-	16	0	84
道北	上	川	31,581	116,425	45	39	0	16
	留	萌	13,501	22,866	31	14	0	54
	宗	谷	63,652	58,862	-	11	0	89
	計		810,699	1,028,421	18	42	0	40

資料：農林業センサス（2020年）

第3節　土地利用型酪農の動向

　北海道における酪農経営の農業所得は，生乳や子畜，飼料の価格変動に伴う増減を繰り返してきたが，2011年から2017年にかけては生乳，子畜価格が上昇する下で増加傾向にあった（**図1-2**）。2017年から2020年にかけては，飼料価格の上昇と子畜価格の下落によって平均農業所得は下落に転じるが，それでも経産牛30頭以上において必要家計費を上回る水準にあるとみられる（**図1-3**）。

　しかし，経済状況が好転する下でも，乳牛飼養戸数は右肩下がりで減少している（**図1-4**）。

　乳牛飼養頭数は2017年まで減少傾向であったが，2018年以降，増加傾向に

第1章　北海道における土地利用型酪農の動向と地域性

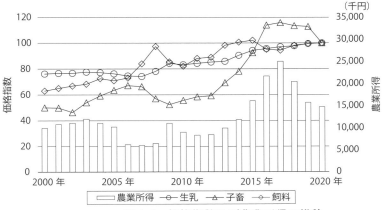

図1-2　価格指数及び農業所得の推移

資料：農業物価統計，農業経営部門別統計（2000～2004年），営農類型別経営統計（2004～2020年）
注：1）物価指数は2015年を100とした値である。
　　2）農業所得は2018年までは個別経営の値，2019～2020年は個人経営の値である。

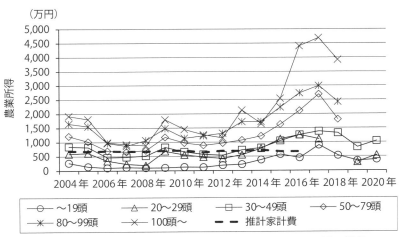

図1-3　経産牛飼養頭数規模別にみた農業所得の推移

資料：営農類型別経営統計
注：1）2018年までは個別経営の値，2019～2020年は個人経営の値である。
　　2）2019～2020年は集計区分が変更されたため，経産牛飼養頭数50頭未満の値のみ示した。

25

第 1 部　飼料生産基盤が土地利用型酪農経営のコスト及び収益性に及ぼす影響

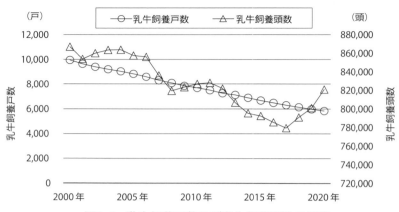

図1-4　乳牛飼養戸数及び乳牛飼養頭数の推移
資料：畜産統計

転じている。その要因として，飼養頭数規模拡大の進展を指摘できる。モード層である経産牛50〜79頭層の比率が減少する一方，経産牛100頭以上層の比率は年々増加し，2020年においては約3割を占めるに至っている（**図1-5**）。

中央酪農会議（2017）によると，酪農経営が生乳生産を維持・増加させる上での課題としては労働力不足が最も多く挙げられる（**図1-6**）。平均経産牛飼養頭数の増加に伴い，労働時間は増加傾向にあるが，家族労働時間は7,000時間程度で頭打ちであり，飼養頭数規模拡大は雇用労働力の導入によって支えられていることがうかがわれる（**図1-7**）。また，経産牛1頭当り労働時間は減少傾向であるが，飼養頭数規模が拡大する中で，就業者1人当り労働時間は横ばいであり，製造業平均を上回る水準にある（**図1-8**）。

労働時間を削減する上では，大半を占める搾乳及び牛乳処理・運搬作業の作業能率向上が重要になる。現在，北海道における酪農経営の7割以上は，繋ぎ飼い牛舎でパイプラインミルカーを用いて搾乳している。繋ぎ飼い牛舎では，個体管理による緻密な飼養管理が可能である一方，搾乳作業や給餌作

第1章　北海道における土地利用型酪農の動向と地域性

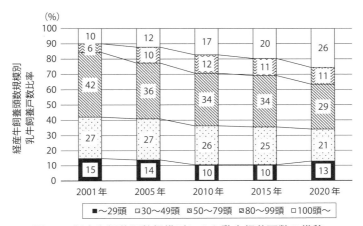

図1-5　経産牛飼養頭数規模別にみた乳牛飼養戸数の推移
資料：畜産統計

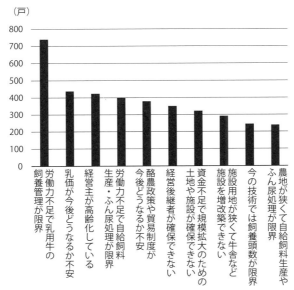

図1-6　生乳生産量を維持・増加する上での障害（北海道，上位10項目）
　資料：一般社団法人 中央酪農会議（2018年）平成29年度経営実態調査分析事業結果報告書
　　（酪農全国基礎調査）

第1部　飼料生産基盤が土地利用型酪農経営のコスト及び収益性に及ぼす影響

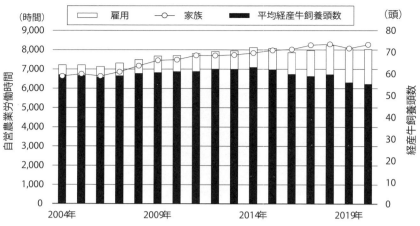

図1-7　平均経産牛飼養頭数及び労働時間の推移

資料：営農類型別経営統計
注：2018年までは個別経営の値，2019～2020年は個人経営の値である。

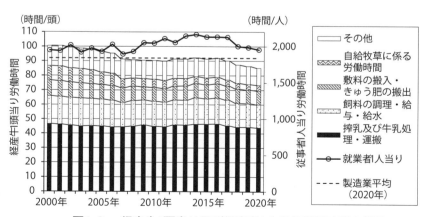

図1-8　経産牛1頭当り及び従事者1人当り労働時間の推移

資料：畜産物生産費統計，令和3年度毎月勤労統計調査

第 1 章 北海道における土地利用型酪農の動向と地域性

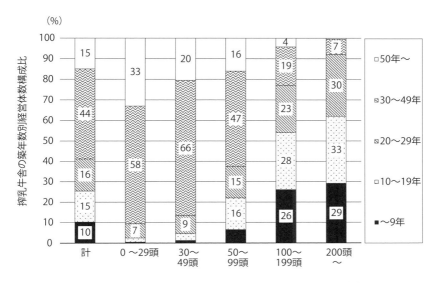

図1-9 搾乳牛舎の築年数別経営体数構成比（北海道）
資料：一般社団法人 中央酪農会議（2020年）「令和2年度酪農全国基礎調査結果報告書」

業の能率はフリーストール牛舎に劣るとされる。また，酪農経営の約6割において，搾乳牛舎の築年数が30年を超えており（**図1-9**），更新時期を迎えている。

これに対し，近年，フリーストール牛舎及び搾乳ロボットが急速に普及している（**表1-5**）。特に十勝地域，オホーツク地域，根室地域における搾乳ロボットの普及率は10％を超える。また，経産牛100〜199頭層において導入戸数が多い（**図1-10**）。搾乳ロボットは搾乳作業を自動化するため，従来のミルキングパーラーを上回る作業能率を実現することが期待されている。

このように搾乳ロボットの普及が急速に進展した背景として，労働力不足の顕在化，搾乳牛舎の老朽化，交易条件の安定化に加えて，2015年から実施されている畜産クラスター関連事業の影響を指摘できる。同事業によって2015〜2020年に新築された搾乳牛舎216のうち，79％がフリーストール牛

第1部 飼料生産基盤が土地利用型酪農経営のコスト及び収益性に及ぼす影響

表1-5 フリーストール及び搾乳ロボット導入率の推移

		2015年	2016年	2017年	2018年	2019年	2020年	2021年
乳牛飼養経営体数	(経営体)	6,329	6,181	6,022	5,959	5,745	5,671	5,506
パーラー整備経営体数	(経営体)	46	42	95	89	88	58	41
うち搾乳ロボット	(経営体)	31	32	68	72	65	51	33
フリーストール導入率	(%)	24.8	25.3	26.2	27.0	28.5	28.9	29.9
搾乳ロボット導入率	(%)	2.8	3.1	3.8	5.0	6.6	7.6	8.4
十勝	(%)	4.5	5.1	6.6	8.0	9.5	10.0	11.0
オホーツク	(%)	2.5	2.9	3.9	5.1	7.4	8.5	10.2
根室	(%)	2.1	2.8	3.6	5.0	7.7	9.7	10.3
釧路	(%)	3.6	3.8	3.9	5.4	6.1	6.9	7.6
宗谷	(%)	1.6	1.5	2.2	2.3	3.2	4.0	4.5
留萌	(%)	1.9	2.0	2.7	3.4	5.1	5.2	5.6
上川	(%)	2.2	1.3	1.7	4.1	5.4	5.8	6.3

資料：北海道農政部資料

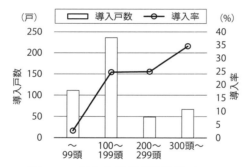

図1-10 経産牛飼養頭数規模別にみた
搾乳ロボット導入戸数及び導入率

資料：表1-5に同じ。

舎・搾乳ロボットである（うち55％が搾乳ロボット2台）。振興局別にみても，フリーストール牛舎・搾乳ロボットが過半を占める。

第4節 土地利用型酪農の地域性

北海道における乳牛の約9割は，十勝，オホーツク，根室，釧路，天北の5地域で飼養されている。乳牛飼養頭数の変化には地域差がみられ，十勝地

第1章　北海道における土地利用型酪農の動向と地域性

表1-6　地域別にみた乳牛飼養頭数の変化

	乳牛飼養経営体数			平均乳牛飼養頭数			乳牛飼養頭数		
	2005年(経営体)	2020年(経営体)	増減率(%)	2005年(頭/経営体)	2020年(頭/経営体)	増減率(%)	2005年(頭)	2020年(頭)	増減率(%)
北　海　道	8,572	5,543	-35	97	146	51	830,110	810,699	-2
十　　　勝	1,844	1,200	-35	112	195	74	207,072	234,400	13
オホーツク	1,330	762	-43	88	144	65	116,451	109,965	-6
根　　　室	1,523	1,136	-25	115	156	35	175,302	176,750	1
釧　　　路	1,178	775	-34	103	155	51	121,368	120,245	-1
天　　　北	1,005	671	-33	87	109	25	87,702	73,329	-16

資料：農林業センサス（2005年，2020年）

表1-7　地域別にみた肉用牛飼養頭数の変化

	中山間市町村数割合(%)	肉用牛飼養経営体数			肉用牛飼養頭数		
		2005年(経営体)	2020年(経営体)	増減率(%)	2005年(頭)	2020年(頭)	増減率(%)
北　海　道	65	3,325	3,072	-8	427,756	515,774	21
十　　　勝	37	778	752	-3	173,563	221,470	28
オホーツク	59	507	378	-25	64,620	73,634	14
根　　　室	40	261	336	29	22,196	11,266	-49
釧　　　路	63	209	318	52	32,054	42,991	34
天　　　北	85	129	161	25	9,245	12,710	37

資料：農林業センサス（2005年，2020年），農業地域類型一覧表（農林水産省2017年）

域では平均飼養頭数が大きく拡大する下で乳牛飼養頭数が増加しているのに対し，根室地域，釧路地域，天北地域においては，相対的に平均飼養頭数の増加率が小さく，釧路地域，天北地域における乳牛飼養頭数は減少している（表1-6）。特に，天北地域において，乳牛飼養頭数の減少率が大きい。

一方，釧路地域，天北地域といった中山間市町村が過半を占める地域においては肉用牛飼養経営体数，肉用牛飼養頭数ともに増加している[注1]（表1-7）。このように，中山間の草地型酪農地帯における酪農生産の縮小と肉用牛生産の拡大がうかがわれる。

また，成牛換算1頭当り飼料作物作付面積は，十勝地域において50a/頭を

31

第1部　飼料生産基盤が土地利用型酪農経営のコスト及び収益性に及ぼす影響

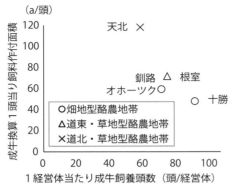

図1-11　地域別にみた成牛1頭当り飼料作付面積

資料：北海道農政部資料（2020年）
注：成牛換算1頭当り飼料作付面積は、育成牛頭数＝1/2成牛頭数
　　として、飼料作付面積を乳牛飼養頭数で除した値である。

表1-8　地域別にみた飼料生産基盤

	飼料作物作付面積	牧草作付面積比率	牧草 作付面積	牧草 単収	とうもろこし 作付面積	とうもろこし 単収
	(ha)	(%)	(ha)	(kg/10a)	(ha)	(kg/10a)
北海道	485,019	88	427,306	3,480	57,713	5,678
十勝	89,105	72	63,858	3,690	25,248	5,915
オホーツク	53,674	76	41,004	3,077	12,669	5,680
根室	99,828	96	96,253	3,671	3,575	5,357
釧路	71,718	94	67,578	3,600	4,140	6,176
天北	69,352	99	68,512	3,376	840	4,846

資料：北海道農政部資料（2020年）

下回る一方，天北地域において100a/頭を上回り，地域間で過不足が生じているとみられる[注2]（図1-11）。

このような地域差が生じる背景として，飼料生産基盤及び，その下での生産性・収益性の違いを指摘できる。十勝地域，オホーツク地域では，飼料作物作付面積に占める牧草の比率は80％に満たず，20～30％を飼料用とうもろこしが占める（表1-8）。一方，根室地域，釧路地域，天北地域では，飼

第1章　北海道における土地利用型酪農の動向と地域性

表1-9　地域別にみた放牧状況

	飼料作物作付面積	採草専用地	採草放牧兼用地	放牧専用地	成牛換算1頭当り放牧専用地面積	放牧頭数比率（成牛）	放牧戸数比率	平均成牛飼養頭数	うち，放牧経営
	(ha)	(%)	(%)	(%)	(ha/頭)	(%)	(%)	(頭/戸)	(頭/戸)
北海道	485,019	69	11	8	0.27	24	31	73	55
十勝	89,105	62	4	5	0.30	8	15	94	52
オホーツク	53,674	67	5	5	0.40	6	13	73	36
根室	99,828	70	19	7	0.15	39	42	75	71
釧路	71,718	68	17	10	0.25	31	47	77	50
天北	69,352	80	8	11	0.24	51	56	62	56

資料：北海道農政部資料（2020年）
注：放牧経営戸数は育成牛のみ放牧を行う経営を含む。

料作物作付面積の90％以上を牧草が占める。とうもろこしサイレージは牧草サイレージに比べて，養分摂取可能量が多く，飼料効果（濃厚飼料給与量1kg当り乳量）を高めやすいという特質を持つ[注3]。中でも，道北の天北地域は道東の根室地域，釧路地域に比べ，牧草作付面積比率が高く，牧草，飼料用とうもろこしともに単収が低いという特徴がある。さらに，根室地域，釧路地域，天北地域では成牛飼養頭数の3〜5割，乳牛飼養戸数の4〜6割で放牧が実施されている（表1-9）。放牧酪農は地代負担力が低いことから（図1-12），特に，地代水準が低い天北地域において放牧専用面積比率，放牧頭数比率が高い。

　十勝地域，オホーツク地域を畑地型酪農地帯，根室地域，釧路地域を道東・草地型酪農地帯，天北地域を道北・草地型酪農地帯とすると，経産牛1頭当り乳量，飼料効果，乳代−購入飼料費は畑地型酪農地帯，道東・草地型酪農地帯，道北・草地型酪農地帯の順に高いという序列がみられる（表1-10）。

　一方で，根室地域，釧路地域，天北地域といった草地型酪農地帯では，経営耕地面積に占める牧草専用地面積の比率，農業経営体数に占める乳牛賞経

第1部　飼料生産基盤が土地利用型酪農経営のコスト及び収益性に及ぼす影響

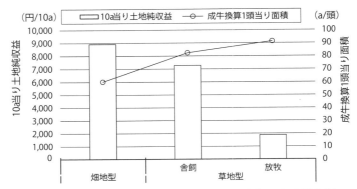

**図1-12　飼料生産基盤別にみた土地利用型酪農の土地純収益
（2011～2020年の平均値）**

資料：農林水産省「農業経営統計調査（平成23～令和2年度牛乳生産費）」の調査票情報を独自集計したものである。
注：1）耕地面積に占める牧草地面積の割合が80％以上の経営を草地型，同80％未満を畑地型酪農経営に分類した。
　　2）育成牛飼養頭数=1/2成牛飼養頭数として，成牛換算1頭当り放牧地面積10a以上，かつ，放牧地利用時間600時間以上の経営を放牧経営，それ以外を舎飼経営に分類した。

表1-10　地域別にみた生産性・収益性

	経営体数	経産牛期首頭数	除籍牛率	分娩間隔	経産牛1頭当り 濃厚飼料給与量	経産牛1頭当り 乳量	経産牛1頭当り 飼料効果	経産牛1頭当り 乳代ー購入飼料費
	（経営体）	（頭）	（％）	（日）	（kg/頭・日）	（kg/頭）		（千円/頭）
北海道	3,853	88	30	425	10.8	9,878	2.9	821
十勝	881	116	31	426	11.4	10,438	2.9	858
オホーツク	601	79	31	420	10.5	10,359	3.1	867
根室	819	94	28	422	10.7	9,512	2.8	799
釧路	437	93	28	424	10.5	9,249	2.7	776
天北	461	67	29	431	10.9	9,105	2.6	737

資料：牛群検定成績（2020年）

表1-11 地域別にみた経営耕地面積・農業産出額に占める酪農の比率

	経営耕地面積			農業経営体数			農業産出額		
	計 (ha)	うち, 牧草専用地 (ha)	比率 (%)	計 (経営体)	うち, 乳牛飼養 (経営体)	比率 (%)	計 (1,000万円)	うち, 乳用牛 (1,000万円)	比率 (%)
北 海 道	1,028,421	416,097	40	34,913	5,543	16	126,670	49,830	39
十　　勝	233,024	67,057	29	5,266	1,200	23	30,415	14,239	47
オホーツク	148,053	44,525	30	3,956	762	19	19,398	6,748	35
釧　　路	85,699	72,306	84	1,100	775	70	8,855	7,500	85
根　　室	109,084	100,123	92	1,362	1,136	83	11,429	10,817	95
天　　北	70,444	61,449	87	852	671	79	5,256	4,621	88

資料：農林業センサス（2020年），令和2年生産農業所得統計

営体数の比率，農業産出額に占める乳用牛（酪農）の比率が7〜9割に達する（表1-11）。すなわち，草地型酪農は，耕種農業に不適な農地を有効活用し，関連産業を含めて，過疎地域に就業機会を創出していると考えられる。このため，生乳生産だけでなく，農地の活用，地域の維持という面からも草地型酪農を評価する必要がある。

第5節　小括

　以上から，北海道における土地利用型酪農のトレンドとして，乳牛飼養戸数の減少と飼養頭数規模の拡大労働時間の増加，搾乳ロボット導入の進展を指摘できる。

　飼養頭数規模の拡大は，従事者1人当り労働時間の増加を招き，そのことが担い手の確保を難しくしている。搾乳牛舎の更新も停滞しており，酪農生産基盤（酪農生産の基礎となる土地及び牛舎・サイロ等の施設）の維持が危ぶまれている。

　こうしたことを背景としつつ，交易条件の安定化，畜産クラスター関連事業による補助の後押しを受けて，北海道酪農における搾乳ロボットの普及は急速に進展している。

第 1 部　飼料生産基盤が土地利用型酪農経営のコスト及び収益性に及ぼす影響

　ただし，このような動向には地帯差がみられる。畑地型酪農地帯である十勝地域では平均飼養頭数が大きく拡大する下で乳牛飼養頭数が増加しているのに対し，草地型酪農地帯である根室地域，釧路地域，天北地域では，相対的に平均飼養頭数の増加率が小さく，天北地域における乳牛飼養頭数は減少している。天北地域ではフリーストール牛舎・搾乳ロボットの導入率も低い。一方で，釧路地域，天北地域といった中山間の草地型酪農地帯では，肉用牛生産が拡大している。

　地帯差が生じる背景として，飼料生産基盤及び，その下での生産性・収益性の違いを指摘できる。十勝地域，オホーツク地域では，飼料作物作付面積に占める牧草の比率は80％に満たず，20 ～ 30％を飼料用とうもろこしが占める。とうもろこしサイレージは牧草サイレージに比べて，養分摂取可能量が多く，飼料効果を高めやすいという特質を持つ。一方，根室地域，釧路地域，天北地域では，飼料作物作付面積の90％以上を牧草が占める。中でも，道北の天北地域は道東の根室地域，釧路地域に比べ，牧草作付面積比率が高く，牧草，飼料用とうもろこしともに単収が低いという特徴がある。

　十勝地域，オホーツク地域を畑地型酪農地帯，根室地域，釧路地域を道東・草地型酪農地帯，天北地域を道北・草地型酪農地帯とすると，経産牛 1 頭当り乳量，飼料効果，乳代－購入飼料費は畑地型酪農地帯，道東・草地型酪農地帯，道北・草地型酪農地帯の順に高いという序列がみられる。

　ただし，草地型酪農地帯における土地利用型酪農は，耕種農業に不適な農地を有効活用し，関連産業を含めて，過疎地域に就業機会を創出するという重要な役割を果たしていると考えられる。

注 1 ）　北海道農政部資料（2020年）によると，肉専用種繁殖経営のうち，根室地域では73％，釧路地域では61％，宗谷地域では70％が酪農との複合経営である。

注 2 ）　中辻（2008）は，乳牛 1 頭を飼養するために必要な土地面積を宗谷地域（放牧重視）で80a/頭，根室地域（グラスサイレージのみ）で80a/頭，十勝地域（グラスサイレージ＋とうもろこしサイレージ）で58a/頭として

いる（サイレージ通年給与の場合）。
注3）牧草サイレージは，とうもろこしサイレージに比べて繊維含量が多く，養分摂取可能量が少ないことから，平均的な品質の牧草サイレージのみでは高泌乳牛の養分要求量を満たす飼料設計は難しいとされる（谷川，2018）。

第2章　飼料生産基盤が牛乳生産費に及ぼす影響と規模階層間差

第1節　課題

　食料・農業・農村基本計画に係る「農業経営等の展望について」（農林水産省，2015年）や「酪農及び肉用牛生産の近代化を図るための基本方針」（農林水産省，2015年）では，飼養頭数の減少抑制，国際競争力強化に向けて，規模拡大による生産の効率化，コスト低減の推進が掲げられている。

　山本（1988），駒木（1989），土岐ら（2008），村上（2013）は，いずれも北海道の酪農を対象として，費用関数を推計し，規模の経済性が存在することを明らかにしている。しかし，これらの研究は，畜産物生産費統計の規模階層別の集計値を用いた分析であり，飼料生産基盤が及ぼす影響については考慮されていない。宮沢（1984）は，北海道酪農協会による酪農経営調査個票を用いて，草地型酪農経営と畑地型酪農経営では生乳生産原価や収益性が異なることを明らかにしているが，規模階層間差については分析を行っていない。

　飼料生産基盤の違いによって，飼養頭数規模拡大が牛乳生産費に及ぼす影響が異なるのであれば，飼養頭数規模拡大とコスト低減に向けた方策を検討する上でも反映させる必要がある。

　そこで，本章では，畜産物生産費統計の牛乳生産費調査個票を用いて，飼料生産基盤に着目した組み替え集計を行い，飼料生産基盤が生産要素の投入，産出及び牛乳生産費に及ぼす影響と規模階層間差を明らかにする。

　平成28年度畜産物生産費統計のうち，北海道の牛乳生産費個票を，耕地面積に占める牧草地面積の割合が80％以上の経営を草地型，同80％未満を畑地

第1部　飼料生産基盤が土地利用型酪農経営のコスト及び収益性に及ぼす影響

型酪農経営に分類し[注1]，飼養頭数規模階層別の投入，産出，牛乳生産費を比較した。なお，自給飼料生産を行っていない経営は除外した。さらに，杉戸（2014）に準じ，草地型酪農経営を放牧利用面積及び放牧時間から舎飼経営と放牧経営に分類し，同様に，飼養頭数規模階層別の投入，産出，牛乳生産費を比較した。

第2節　飼料生産基盤別・飼養頭数規模別にみた生産要素の投入・産出

表2-1に経営概況の推移を示した。草地型酪農経営，畑地型酪農経営とも

表 2-1　飼料生産基盤別にみた経営概況の推移

経産牛飼養頭数		経営体数(経営体)	飼養頭数		初産比率(%)	成牛換算1頭当り		農業専従者(人)	雇用労働時間(時間)	畜舎面積(m^2)	うちFS(m^2)
			経産牛(頭)	育成牛(頭)		耕地面積(a/頭)	放牧面積(a/頭)				
草地型	2007年	164	65	37	25	73	13	2.4	527	914	227
	2008年	163	67	39	24	73	11	2.5	505	1,021	255
	2009年	152	67	41	24	74	12	2.6	571	1,032	264
	2010年	158	65	41	25	74	12	2.5	549	1,031	250
	2011年	157	65	40	24	77	12	2.5	636	1,039	263
	2012年	149	69	42	24	76	13	2.6	719	1,082	314
	2013年	145	69	43	24	76	12	2.6	692	1,094	301
	2014年	142	70	45	26	75	13	2.6	767	1,154	318
	2015年	142	71	43	26	77	12	2.6	799	1,135	307
	2016年	142	72	43	26	79	13	2.7	863	1,137	315
畑地型	2007年	68	52	29	26	71	5	2.5	452	858	267
	2008年	77	55	30	27	69	3	2.5	584	892	283
	2009年	82	58	34	26	68	3	2.5	682	939	300
	2010年	77	59	37	26	67	2	2.5	692	934	273
	2011年	76	60	37	27	65	3	2.5	654	939	246
	2012年	82	60	35	28	64	3	2.5	769	1,107	296
	2013年	80	64	36	27	65	3	2.5	948	1,223	343
	2014年	81	62	36	27	66	3	2.5	1,030	1,186	325
	2015年	82	61	34	26	69	3	2.4	1,132	1,170	374
	2016年	78	61	34	27	67	3	2.4	1,070	1,222	367

資料：農林水産省「農業経営統計調査（平成19～28年度牛乳生産費）」の調査票情報を独自集計したものである。
注：1）草地型酪農経営を草地型，畑地型酪農経営を畑地型と表記した。
　　2）FSはフリーストールを指す。

第 2 章　飼料生産基盤が牛乳生産費に及ぼす影響と規模階層間差

表 2-2　飼料生産基盤別にみた経営概況の規模階層間差（2016 年）

	経産牛飼養頭数	経営体数（経営体）	飼養頭数 経産牛（頭）	飼養頭数 育成牛（頭）	初産比率（％）	成牛換算1頭当り 耕地面積（a/頭）	成牛換算1頭当り 放牧面積（a/頭）	農業専従者（人）	雇用労働時間（時間）	畜舎面積（m²）	うちFS（m²）
草地型	～29頭	6	25	11	23	99	49	1.5	94	606	0
	30～49	41	41	24	25	84	26	2.3	230	580	33
	50～79	57	64	41	26	82	14	2.8	530	1,001	224
	80～99	17	88	45	26	77	9	3.1	944	1,318	339
	100頭～	19	159	100	29	63	0	3.2	3,479	2,807	1,306
畑地型	～29頭	17	19	11	28	99	8	2.1	88	332	26
	30～49	19	40	24	25	71	5	2.3	436	800	13
	50～79	23	65	38	28	59	2	2.8	1,077	1,499	276
	80～99	9	86	58	28	52	0	2.0	1,526	1,527	632
	100頭～	9	147	69	30	44	3	2.9	3,900	2,907	1,767

資料：農林水産省「農業経営統計調査（平成28年度牛乳生産費）」の調査票情報を独自集計したものである。
注：1）草地型酪農経営を草地型，畑地型酪農経営を畑地型と表記した。
　　2）FSはフリーストールを指す。

に，経産牛飼養頭数は増加傾向にあり，それに伴い，雇用労働時間，畜舎面積，フリーストール面積[注2]が増加している。

表2-2に経営概況の規模階層間差を示した。草地型酪農経営，畑地型酪農経営ともに，経産牛飼養頭数が多いほど，成牛換算1頭当り耕地面積が少ない，雇用労働時間が多い，畜舎面積，フリーストール面積が大きい，育成牛頭数多い，初産比率が高いといった傾向がみられる。

畑地型酪農経営に比べた草地型酪農経営の特徴として，成牛換算1頭当り耕地面積，放牧面積が大きいことを指摘できる。

表2-3に，飼料生産基盤別にみた生産要素の投入・産出の推移を示した。草地型酪農経営，畑地型酪農経営ともに，経産牛1頭当り濃厚飼料給与量は増加する傾向にあり，それに伴い，経産牛1頭当り乳量も増加している。一方，サイレージ給与量は必ずしも増加しておらず，飼料給与量に占める濃厚飼料の比率が高まっている。さらに，サイレージ自給率の低下がみられる。

表2-4に，飼料生産基盤別にみた生産要素の投入・産出の規模階層間差を

第 1 部　飼料生産基盤が土地利用型酪農経営のコスト及び収益性に及ぼす影響

表 2-3　飼料生産基盤別にみた生産要素の投入・産出の推移

	経産牛飼養頭数	投入 給与量 濃厚飼料	投入 給与量 サイレージ	投入 給与量 サイレージ自給率	投入 給与量 とうもろこし比率	投入 固定資本額 乳牛	投入 固定資本額 農機具・建物・自動車	投入 労働時間	産出 実搾乳量	産出 子牛10日齢評価販売頭数
		(kg/頭)	(kg/頭)	(%)	(%)	(万円/頭)	(万円/頭)	(時間/頭)	(kg/頭)	(頭)
草地型	2007年	2,672	9,139	100	8	26	33	105	7,200	0.86
	2008年	2,579	9,749	98	7	26	29	105	7,352	0.85
	2009年	2,718	9,771	96	6	25	29	106	7,405	0.83
	2010年	2,805	9,632	96	6	24	27	108	7,443	0.83
	2011年	2,824	9,244	96	7	24	25	110	7,400	0.83
	2012年	2,784	9,538	95	8	24	24	106	7,632	0.84
	2013年	2,790	9,525	95	8	25	22	107	7,631	0.86
	2014年	2,774	9,311	94	9	25	23	108	7,674	0.86
	2015年	2,849	9,665	95	9	27	24	108	7,888	0.89
	2016年	2,964	9,627	93	7	31	26	109	7,874	0.87
畑地型	2007年	2,754	11,423	100	64	28	36	128	8,011	0.88
	2008年	2,917	11,349	99	62	27	35	132	8,118	0.83
	2009年	3,054	10,840	98	59	27	34	131	8,245	0.83
	2010年	3,120	11,476	98	58	27	31	125	8,326	0.82
	2011年	3,079	12,117	96	58	26	30	127	8,267	0.86
	2012年	3,004	12,541	93	62	26	34	130	8,440	0.86
	2013年	3,132	12,342	95	60	27	32	126	8,446	0.87
	2014年	3,121	12,953	95	61	27	30	131	8,653	0.87
	2015年	3,088	11,817	97	60	28	32	131	8,782	0.86
	2016年	3,195	11,199	95	58	32	34	132	8,602	0.86

資料：農林水産省「農業経営統計調査（平成19～28年度牛乳生産費）」の調査票情報を独自集計したものである。
注：1）草地型酪農経営を草地型，畑地型酪農経営を畑地型と表記した。
　　2）「とうもろこし比率」は，自給サイレージ給与量に占めるデントコーンサイレージの比率。
　　3）「サイレージ自給率」は，サイレージ給与量に占める自給サイレージの比率。

示した。草地型酪農経営，畑地型酪農経営ともに，経産牛飼養頭数が多いほど，経産牛1頭当り濃厚飼料給与量，サイレージ給与量，固定資本額は多く，労働時間は少ない。経産牛飼養頭数が多いほど，経産牛1頭当り乳量も多い傾向にあるが，畑地型酪農経営の経産牛100頭以上層の経産牛1頭当り乳量は同80～99頭層に比べて少ない。また，畑地型酪農経営の100頭以上層では

第2章 飼料生産基盤が牛乳生産費に及ぼす影響と規模階層間差

表2-4 飼料生産基盤別にみた生産要素の投入・産出の規模階層間差（2016年）

	経産牛飼養頭数	投入 給与量 濃厚飼料	投入 給与量 サイレージ	投入 給与量 サイレージ自給率	投入 給与量 とうもろこし比率	投入 固定資本額 乳牛	投入 固定資本額 農機具・建物・自動車	投入 労働時間	産出 実搾乳量	産出 子牛10日齢評価販売頭数
		(kg/頭)	(kg/頭)	(%)	(%)	(万円/頭)	(万円/頭)	(時間/頭)	(kg/頭)	(頭)
草地型	～29頭	1,865	6,782	92	0	30	21	158	6,382	0.83
草地型	30～49	2,660	8,168	91	8	29	17	131	7,484	0.84
草地型	50～79	2,933	9,480	93	6	32	25	105	8,015	0.88
草地型	80～99	3,211	11,592	96	10	29	37	92	8,178	0.89
草地型	100頭～	3,832	12,435	96	8	35	39	74	8,474	0.90
畑地型	～29頭	2,988	6,169	89	50	29	27	205	7,165	0.83
畑地型	30～49	3,115	11,818	100	67	32	20	144	8,466	0.82
畑地型	50～79	3,264	12,989	98	61	32	34	105	9,349	0.88
畑地型	80～99	3,233	11,581	95	61	34	50	84	9,366	0.92
畑地型	100頭～	3,544	14,870	90	43	35	59	81	8,996	0.85

資料：農林水産省「農業経営統計調査（平成28年度牛乳生産費）」の調査票情報を独自集計したものである。
注：1）草地型酪農経営を草地型，畑地型酪農経営を畑地型と表記した。
　　2）「とうもろこし比率」は，自給サイレージ給与量に占めるデントコーンサイレージの比率を示す。
　　3）「サイレージ自給率」は，サイレージ給与量に占める自給サイレージの比率を示す。

子牛の10日齢評価販売頭数が少ない。

　草地型酪農経営の経産牛1頭当り濃厚飼料給与量は，経産牛100頭未満層では畑地型酪農経営を下回るが，規模階層間差が大きく，経産牛100頭以上層では逆転する。また，経産牛1頭当りサイレージ給与量，とうもろこし比率は，経産牛80～99頭層を除き，畑地型酪農経営が草地型酪農経営を上回る。経産牛1頭当り乳量はいずれの規模階層でも，畑地型酪農経営が草地型酪農経営を上回る。ただし，畑地型酪農経営の経産牛100頭以上層におけるサイレージ自給率，とうもろこしサイレージ比率は同80～99頭層に比べて低い[注3]。

　表2-5に，濃厚飼料給与量別にみた経産牛1頭当り濃厚飼料給与量及び乳量を示した。草地型酪農経営は，濃厚飼料給与量が同水準の畑地型酪農経営

第1部　飼料生産基盤が土地利用型酪農経営のコスト及び収益性に及ぼす影響

表2-5　飼料生産基盤別・濃厚飼料給与量別にみた経産牛1頭当り乳量（2016年）

経産牛1頭当り濃厚飼料給与量	草地型 経営体数（経営体）	草地型 濃厚飼料給与量（kg/頭）	草地型 実搾乳量（kg/頭）	草地型 飼料効果	畑地型 経営体数（経営体）	畑地型 濃厚飼料給与量（kg/頭）	畑地型 実搾乳量（kg/頭）	畑地型 飼料効果
～2,999kg	77	2,282	7,204	3.2	26	2,313	7,501	3.2
3,000～3,999kg	48	3,458	8,460	2.4	41	3,414	9,013	2.6
4,000kg～	17	4,662	9,253	2.0	11	4,462	9,676	2.2
計	142	2,964	7,874	2.7	78	3,195	8,602	2.7

資料：農林水産省「農業経営統計調査（平成28年度牛乳生産費）」の調査票情報を独自集計したものである。
注：1）草地型酪農経営を草地型，畑地型酪農経営を畑地型と表記した。
　　2）飼料効果＝実搾乳量÷濃厚飼料給与量。

に比べて経産牛1頭当り乳量が低い。

　以上の通り，経産牛100頭未満層においては，草地型酪農経営と畑地型酪農経営の投入，産出に違いがみられるが，特に草地型酪農経営において経産牛飼養頭数が多いほど，濃厚飼料給与量が多いことから，両者の差は大規模層ほど小さい。また，草地型酪農経営では，とうもろこしサイレージ比率が低く，飼料効果（濃厚飼料給与量1kg当り乳量）は畑地型酪農経営を下回る。一方，畑地型酪農経営の経産牛100頭以上層においては，飼養頭数規模拡大に伴うとうもろこしサイレージ比率の低下により，経産牛1頭当り乳量の減少が生じていることがうかがわれる。

第3節　飼料生産基盤別・飼養頭数規模別にみた牛乳生産費

　表2-6に，飼料生産基盤別にみた牛乳生産費の推移を示した。草地型酪農経営，畑地型酪農経営ともに，経産牛1頭当り物財費は増加傾向にあり，特に流通飼料費，乳牛償却費が増加している。ただし，副産物価額が増加していること，経産牛1頭当り乳量が増加していることから，実搾乳量100kg当り全算入生産費は横ばい，ないし，減少している。

　表2-7に，飼料生産基盤別にみた牛乳生産費の規模階層間差を示した。経産牛1頭当り全算入生産費は，草地型酪農経営では経産牛飼養頭数が多いほ

第 2 章　飼料生産基盤が牛乳生産費に及ぼす影響と規模階層間差

表2-6　飼料生産基盤別にみた牛乳生産費の推移

	経産牛飼養頭数		経産牛1頭当り									実搾乳量100kg当り
			物財費	流通飼料費	牧草・採草・放牧費	乳牛償却費	農機具・建物・自動車費	労働費	副産物価額	利子・地代	全算入生産費	全算入生産費
			(千円/頭)	(千円/頭)	(千円/頭)	(千円/頭)	(千円/頭)	(千円/頭)	(千円/頭)	(千円/頭)	(千円/頭)	(円/100kg)
草地型	2007年		474	159	108	87	40	159	89	58	601	8,530
	2008年		507	177	109	94	42	163	85	55	640	8,906
	2009年		510	164	118	103	44	164	85	54	643	8,940
	2010年		519	166	117	106	45	167	95	53	645	8,955
	2011年		525	175	114	104	45	170	93	51	653	9,125
	2012年		535	183	111	112	42	165	97	50	654	8,743
	2013年		552	199	112	108	42	166	109	50	659	8,794
	2014年		557	207	113	100	43	169	113	50	663	8,768
	2015年		563	204	116	101	48	171	160	50	624	8,035
	2016年		596	198	121	125	55	181	181	53	649	8,360
畑地型	2007年		529	176	121	96	45	193	89	66	698	8,943
	2008年		569	201	127	98	49	202	82	64	753	9,542
	2009年		575	189	135	107	52	197	85	62	749	9,327
	2010年		577	191	123	117	51	190	98	59	728	8,936
	2011年		593	204	127	114	51	195	98	57	746	9,244
	2012年		605	215	123	113	52	200	101	61	764	9,303
	2013年		626	234	124	112	53	191	118	60	760	9,232
	2014年		639	239	133	107	53	198	123	59	774	9,106
	2015年		626	228	128	105	57	202	163	61	726	8,528
	2016年		649	221	134	121	61	212	198	62	726	8,749

資料：農林水産省「農業経営統計調査（平成19〜28年度牛乳生産費）」の調査票情報を独自集計したものである。
注：草地型酪農経営を草地型，畑地型酪農経営を畑地型と表記した。

ど高い傾向にあるが，畑地型酪農経営では経産牛80〜99頭層において最も低い。経産牛80〜99頭層を除き，畑地型酪農経営の経産牛1頭当り全算入生産費は草地型酪農経営の値を上回るが，大規模層ほど差は縮まる。費目別にみると，草地型酪農経営，畑地型酪農経営ともに，経産牛飼養頭数が多いほど流通飼料費，乳牛償却費，農機具・建物・自動車費は高く，労働費は低い傾向にあり，特に草地型酪農経営における流通飼料費の規模階層間差が大

第 1 部　飼料生産基盤が土地利用型酪農経営のコスト及び収益性に及ぼす影響

表 2-7　飼料生産基盤別にみた牛乳生産費の規模階層間差（2016 年）

	経産牛飼養頭数	物財費	経産牛1頭当り							実搾乳量100kg当り
			流通飼料費	牧草・採草・放牧費	乳牛償却費	農機具・建物・自動車費	労働費	副産物価額	利子・地代	全算入生産費	全算入生産費
		(千円/頭)	(千円/頭)	(千円/頭)	(千円/頭)	(千円/頭)	(千円/頭)	(千円/頭)	(千円/頭)	(千円/頭)	(円/100kg)
草地型	～29 頭	498	131	112	111	56	258	199	79	636	10,016
	30～49	549	186	113	110	48	219	177	52	642	8,767
	50～79	594	195	121	132	52	174	181	53	640	8,043
	80～99	651	212	148	121	64	155	189	54	671	8,216
	100 頭～	691	244	118	144	50	116	180	54	677	8,056
畑地型	～29 頭	573	209	100	107	50	324	210	75	761	11,135
	30～49	647	210	149	119	56	239	189	60	757	9,127
	50～79	674	223	145	121	66	173	199	58	705	7,612
	80～99	681	244	139	129	63	132	211	59	661	7,121
	100 頭～	712	242	137	142	80	122	177	55	712	7,878

資料：農林水産省「農業経営統計調査（平成28年度牛乳生産費）」の調査票情報を独自集計したものである。
注：草地型酪農経営を草地型，畑地型酪農経営を畑地型と表記した。

きい。

　一方，実搾乳量100kg当り全算入生産費は，草地型酪農経営では経産牛50～79頭層，畑地型酪農経営では経産牛80～99頭層において最も低い。経産牛1頭当り乳量の差に起因して，経産牛50頭以上では草地型酪農経営が畑地型酪農経営を上回るが，経産牛100頭以上層において実搾乳量100kg当り全算入生産費の差は縮まる。

　以上から，草地型酪農経営と畑地型酪農経営では，飼養頭数規模拡大が牛乳生産費に及ぼす影響は異なることが示唆される。草地型酪農経営では，飼養頭数規模拡大に伴い，経産牛1頭当り物財費，特に流通飼料費が増加し，実搾乳量100kg当り全算入生産費は経産牛50～79頭層で下げ止まることがうかがわれる[注4]。

　一方，畑地型酪農経営では，飼養頭数規模拡大による物財費の変化は小さいが，経産牛100頭以上層において経産牛1頭当り乳量，副産物価額が減少

することにより、実搾乳量100kg当り全算入生産費が増加することがうかがわれる。

第4節　飼養形態別にみた牛乳生産費

表2-8に飼養形態別にみた経営概況の規模階層間差を示した。放牧経営も経産牛飼養頭数が多いほど成牛換算1頭当り耕地面積及び放牧地面積は小さい傾向にある。また、経産牛飼養頭数が多いほどフリーストール面積は大きい傾向にあるが、舎飼経営に比べると小さい。なお、経産牛飼養頭数100頭以上のサンプルは存在しない。

表2-9に飼養形態別の投入・産出の規模階層間差を示した。いずれの規模階層においても、放牧経営における経産牛1頭当り濃厚飼料給与量、サイレージ給与量及び、乳量は舎飼経営に比べて少ない。ただし、経産牛飼養頭

表2-8　飼養形態別にみた経営概況の規模階層間差（2016年）

	経産牛飼養頭数	経営体数（経営体）	飼養頭数 経産牛（頭）	飼養頭数 育成牛（頭）	初産比率（%）	成牛換算1頭当り 耕地面積（a/頭）	成牛換算1頭当り 放牧地面積（a/頭）	農業専従者（人）	雇用労働時間（時間）	畜舎面積（m²）	うちFS（m²）
草地型	～29頭	5	23	10	27	109	35	1.6	109	476	0
放牧	30～49	29	41	24	25	83	30	2.2	225	585	39
	50～79	28	63	37	25	86	20	2.7	516	890	105
	80～99	6	86	37	23	66	17	2.8	1,304	1,154	178
	100頭～	-	-	-	-	-	-	-	-	-	-
	～29頭	-	-	-	-	-	-	-	-	-	-
舎飼	30～49	15	42	22	24	76	2	2.5	210	622	16
	50～79	29	66	45	28	77	2	2.8	544	1,107	338
	80～99	11	90	49	27	82	1	3.2	748	1,408	427
	100頭～	19	161	100	29	62	0	3.2	3,479	2,807	1,306

資料：農林水産省「農業経営統計調査（平成28年度牛乳生産費）」の調査票情報を独自集計したものである。
注：1）草地型酪農経営を草地型、畑地型酪農経営を畑地型、放牧経営を放牧、舎飼経営を舎飼と表記した。
　　2）育成牛飼養頭数=1/2成牛飼養頭数として、成牛換算1頭当り放牧地面積10a以上、かつ、放牧地利用時間600時間以上の経営を放牧経営、それ以外を舎飼経営に分類した。
　　3）FSはフリーストールを指す。

第1部　飼料生産基盤が土地利用型酪農経営のコスト及び収益性に及ぼす影響

表2-9　飼養形態別にみた投入・産出の規模階層間差（2016年）

		経産牛飼養頭数	投入 給与量 濃厚飼料 (kg/頭)	投入 給与量 サイレージ (kg/頭)	投入 給与量 サイレージ自給率 (%)	投入 給与量 とうもろこし比率 (%)	投入 固定資本額 乳牛 (万円/頭)	投入 固定資本額 農機具・建物・自動車 (万円/頭)	投入 労働時間 (時間/頭)	産出 実搾乳量 (kg/頭)	産出 子牛10日齢評価販売頭数 (頭)
草地型	放牧	～29頭	1,865	6,782	92	0	30	21	158	6,382	0.83
		30～49	2,581	7,707	93	3	29	16	126	7,232	0.84
		50～79	2,564	8,129	97	0	30	28	103	7,520	0.88
		80～99	3,165	8,287	93	0	26	29	95	8,116	0.87
		100頭～	-	-	-	-	-	-	-	-	-
	舎飼	～29頭	-	-	-	-	-	-	-	-	-
		30～49	2,812	9,059	86	18	30	18	140	7,969	0.83
		50～79	3,289	10,784	89	11	33	22	107	8,493	0.88
		80～99	3,237	13,395	97	15	31	41	91	8,211	0.90
		100頭～	3,832	12,435	96	8	35	39	74	8,474	0.90

資料：農林水産省「農業経営統計調査（平成28年度牛乳生産費）」の調査票情報を独自集計したものである。
注：1）草地型酪農経営を草地型，畑地型酪農経営を畑地型，放牧経営を放牧，舎飼経営を舎飼と表記した。
　　2）育成牛飼養頭数＝1/2成牛飼養頭数として，成牛換算1頭当り放牧地面積10a以上，かつ，放牧地利用時間600時間以上の経営を放牧経営，それ以外を舎飼経営に分類した。
　　3）「とうもろこし比率」は，自給サイレージ給与量に占めるデントコーンサイレージの比率を示す。
　　4）「サイレージ自給率」は，サイレージ給与量に占める自給サイレージの比率を示す。

数が多いほど濃厚飼料給与量は多い傾向にあり，経産牛80～99頭層では，その差は縮まる。

表2-10に飼養形態別にみた牛乳生産費の規模階層間差を示した。いずれの規模階層においても，放牧経営の経産牛1頭当り全算入生産費及び実搾乳量100kg当り全算入生産費は舎飼経営に比べて低い。特に差が大きい費目は流通飼料費，乳牛償却費である。

以上の通り，放牧経営は舎飼経営に比べて生産要素の投入を抑制しつつ，低コストを実現している。ただし，放牧経営においても，飼養頭数規模の拡大に伴う成牛換算1頭当り耕地面積及び放牧地面積の減少と高投入化がうかがわれる。

第2章　飼料生産基盤が牛乳生産費に及ぼす影響と規模階層間差

表2-10　飼養形態別にみた牛乳生産費の規模階層間差（2016年）

	経産牛飼養頭数	経産牛1頭当り									実搾乳量100kg当り
		物財費	流通飼料費	牧草・採草・放牧費	乳牛償却費	農機具・建物・自動車費	労働費	副産物価額	利子・地代	全算入生産費	全算入生産費
		(千円/頭)	(千円/頭)	(千円/頭)	(千円/頭)	(千円/頭)	(千円/頭)	(千円/頭)	(千円/頭)	(千円/頭)	(円/100kg)
草地型	放牧 ～29頭	498	130	107	103	55	254	188	76	624	10,145
	30～49	534	167	115	114	50	210	181	53	616	8,639
	50～79	550	162	126	113	52	173	188	53	588	7,800
	80～99	616	206	136	99	61	158	178	50	646	7,926
	100頭～	-	-	-	-	-	-	-	-	-	-
	舎飼 ～29頭	-	-	-	-	-	-	-	-	-	-
	30～49	592	224	118	106	45	236	171	49	705	8,983
	50～79	631	222	118	148	51	175	176	53	684	8,248
	80～99	669	215	154	133	65	154	195	56	685	8,375
	100頭～	691	244	118	144	74	116	180	50	677	8,056

資料：農林水産省「農業経営統計調査（平成28年度牛乳生産費）」の調査票情報を独自集計したものである。
注：1）草地型酪農経営を草地型，畑地型酪農経営を畑地型，放牧経営を放牧，舎飼経営を舎飼と表記した。
　　2）育成牛飼養頭数=1/2成牛飼養頭数として，成牛換算1頭当り放牧地面積10a以上，かつ，放牧地利用時間600時間以上の経営を放牧経営，それ以外を舎飼経営に分類した。

第5節　小括

　酪農経営の飼料生産基盤に着目した牛乳生産費の組み替え集計から，次の諸点を指摘できる。

　第一に，経産牛100頭未満層においては，草地型酪農経営と畑地型酪農経営の投入，産出及び牛乳生産費に明瞭な違いがみられる。畑地型酪農経営は，草地型酪農経営に比べて，濃厚飼料給与量，サイレージ給与量が多く，経産牛1頭当りの生産費も高いが，経産牛1頭当り乳量も高いことから，実搾乳量100kg当り全算入生産費は低い。

　すなわち，草地型酪農経営では，牧草サイレージを主体とし，畑地型酪農経営に比べて経産牛1頭当り乳量が劣る下で[注5]，より低投入型の酪農が行

第1部　飼料生産基盤が土地利用型酪農経営のコスト及び収益性に及ぼす影響

われているのに対し，畑地型酪農経営では，とうもろこしサイレージを主体とする下で，より濃厚飼料多給による高泌乳を追求した高投入・高産出型の酪農が行われている。

　第二に，経産牛100頭以上層においては，草地型酪農経営と畑地型酪農経営の投入，産出及び牛乳生産費の差は縮小する。草地型酪農経営の経産牛100頭以上層は，経産牛100頭未満に比べて，濃厚飼料給与量，サイレージ給与量，経産牛1頭当り乳量が多く，特に濃厚飼料給与量は，畑地型酪農経営の値を上回る。その下で，実搾乳量100kg当り全算入生産費は，経産牛50〜79頭層以上では規模階層間差が判然としない。一方，畑地型酪農経営の経産牛100頭以上層は，経産牛100頭未満に比べて，濃厚飼料給与量は大きく変わらないが，とうもろこしサイレージ比率，経産牛1頭当り乳量が低く，実搾乳量100kg当り全算入生産費は高い。

　すなわち，草地型酪農経営において，飼養頭数規模拡大に伴い，高投入化が進展する一方，畑地型酪農経営において乳量の低下が生じ，両者の投入，産出及び牛乳生産費は近似すると考えられる。

　草地型酪農経営において，飼養頭数規模拡大に伴う高投入化が進展する要因としては，フリーストール牛舎の導入により経産牛1頭当り固定資本投下額が増加する下で，投資の回収のために，畑地型酪農経営と同様に高泌乳が追求されることが考えられる。しかし，牧草サイレージを主体とする下で，経産牛1頭当り乳量は畑地型酪農経営を下回る。

　一方，畑地型酪農経営では，飼養頭数規模の拡大に伴い，経産牛1頭当り耕地面積が縮小することで，サイレージ給与量に占めるとうもろこし比率が低下し，経産牛1頭当り乳量の減少が生じていると考えられる。

　以上を踏まえると，草地型酪農経営と畑地型酪農経営では飼料生産基盤の違いに起因し，飼養頭数規模拡大とコスト（実搾乳量100kg当り全算入生産費）低減に向けた方策は異なると考えられる。

　草地型酪農経営において飼養頭数規模拡大とコスト低減を推進する上では，経産牛100頭以上層における生産要素投入の抑制が重要になる。荒木（2000）

は，草地型酪農経営においても，労働生産性向に向けて資本装備率が高まる下で，資本回転率向上のための濃厚飼料多給，高泌乳追及が行われてきたとする。しかし，自給可能な粗飼料が牧草に限られる下で，乳量水準が畑地型酪農経営に劣ることから，より慎重な固定資本投下を行うとともに，放牧や草地改良を通じて飼料費の低減を図ることが重要になる。ただし，放牧経営においても飼養頭数規模拡大に伴う成牛換算1頭当り耕地面積及び放牧地面積の減少と高投入化がみられることから，多頭数飼養に適した放牧方式の確立が求められる。

　一方，畑地型酪農経営において飼養頭数規模拡大とコスト低減を推進する上では，経産牛100頭以上層における高泌乳の維持が重要になる。このため，とうもろこしサイレージ給与量の維持に向けて，大規模経営への農地集積や耕畜連携，あるいはTMRセンターによる集団的な土地利用を通じて，成牛換算1頭当り耕地面積，とうもろこしサイレージ給与量，経産牛1頭当り乳量の維持を図ることが重要になると考えられる。

注1）宮沢（1984）は草地率100％の経営を草地型酪農経営，草地率60〜80％の経営を畑地型酪農経営としている。
注2）フリーストールは，個々の牛が自由に出入りできる1頭用の牛床を意味し，フリーストール牛舎とはフリーストールを備えた放し飼い牛舎のことである。
注3）分析対象年である2016年に生じた台風によるとうもろこし倒伏被害の影響も考えられるが，畑地型酪農経営の経産牛100頭以上層におけるとうもろこし比率の低下は過去5カ年連続して確認される傾向である。
注4）草地型酪農経営の経産牛50頭以上層を対象に，実搾乳量100kg当り全算入生産費の規模階層間差についてt検定を行うと，有意水準10％未満で有意差は認められない。
注5）牧草サイレージは，とうもろこしサイレージに比べて繊維含量が多く，養分摂取可能量が少ないことから，平均的な品質の牧草サイレージのみでは高泌乳牛の養分要求量を満たす飼料設計は難しいとされる（谷川，2018）。

第３章　飼料生産基盤が搾乳牛舎投資及びスマート農業技術導入の経済性に及ぼす影響

第１節　課題

　北海道においても乳牛飼養戸数は右肩下がりで減少しており，地域によっては乳牛飼養頭数，生乳生産量の維持が危ぶまれる状況にある。中央酪農会議（2017）によると，営農継続の課題として「労働力不足で乳用牛の飼養管理が限界」が最も多く挙げられており，酪農経営の持続性向上に向けて労働生産性の向上が喫緊の課題である。

　これに対し，第８次北海道酪農・肉用牛生産近代化計画（北海道，2021年）では，搾乳ロボットやえさ寄せロボットをはじめとするスマート農業技術の導入による労働生産性の向上が掲げられている。

　梅本（2019）は，日本農業における技術革新について「この20年間という期間を念頭に置くならばいずれの部門においても平均的な姿に大きな変化はない」としながら，畜産における近年の技術革新に相当するものとして搾乳ロボットを挙げている。さらに，「スマート農業技術は，確かに自動走行のように省力化として機能する面はあるが，同時に，各種のデータを活用し，収量や品質の向上に寄与するという点で，いわゆるICT，RT，AI利活用技術として理解したほうがいいと思われる」としている。

　近年の搾乳ロボットは各種センサーと連動することで繁殖や疾病データの収集することが可能となり，単なる省力化のためのロボット技術にとどまらず，IoT技術としての側面を有するに至っている。

　2015年から実施されている畜産クラスター関連事業の下で，搾乳ロボット

第1部　飼料生産基盤が土地利用型酪農経営のコスト及び収益性に及ぼす影響

の導入率は急速に上昇しており，十勝地域，オホーツク地域，根室地域では10％を超える。

　北海道酪農におけるスマート農業の今後を展望する上では，その導入が生産性及びコストに及ぼした影響を実態に基づき明らかにすること不可欠である。これまでの搾乳ロボット導入の経済性・経営評価に関する知見として，関澤（2004），原（2006），山田ら（2011），千田（2015），山本（2017），松本ら（2018），仙北谷ら（2019），長命ら（2021）が挙げられるが，いずれも省力化については実態に基づいた評価が行われている一方，濃厚飼料給与量や乳牛の損耗といったその他の投入，乳量や繁殖といった産出に関しては試算にとどまっているものが多く，投入・産出の実態に基づく付加価値生産性やコストの評価には至っていない。

　また，搾乳ロボットの導入は牛舎の建て替えを伴う場合が多い。北海道における搾乳牛舎の多くは，1970〜80年代に建設された繋ぎ飼い牛舎であり，更新時期を迎えている。搾乳牛舎への投資の経済性に関する知見としては繋ぎ飼い牛舎の建替と自動給餌機導入を対象とした濱村（2021a），フリーストール牛舎及びミルキングパーラー導入を対象とした藤田（2000）やフリーストール牛舎及び搾乳ロボット導入を対象とした原（2006）等がある。しかし，土地利用型酪農が展開する北海道では，飼料生産基盤の違いが酪農経営の収益性やコストに影響を及ぼすことが指摘されている[注1]。このため，各地域の飼料生産基盤に応じた搾乳牛舎投資の経済性を明らかにする必要がある。また，既往研究では畑地型酪農と草地型酪農の比較が行われてきたが，同じ草地型酪農でも道東の根釧地域と道北の天北地域では飼料生産基盤が異なる。

　そこで，本章では，飼料生産基盤によって北海道酪農地帯を畑地型酪農地帯（十勝地域，オホーツク地域），道東・草地型酪農地帯（根室地域，釧路地域），道北・草地型酪農地帯（天北地域）に分類した上で，フリーストール牛舎・搾乳ロボット導入経営を対象とし，飼料生産基盤の違いが搾乳牛舎投資の経済性に及ぼす影響を明らかにする。

第3章 飼料生産基盤が搾乳牛舎投資及びスマート農業技術導入の経済性に及ぼす影響

さらに，道東・草地型酪農地帯の搾乳ロボット導入経営における投入・産出の実態に基づき，付加価値生産性やコストからみたスマート農業技術導入の経済性を評価する。

まず，牛乳生産費個票の組替集計を行い，牧草作付面積比率別にみた搾乳部門の投資限界[注2]を算出する。

次に，フリーストール牛舎・搾乳ロボット導入経営を対象とした実態調査に基づき，飼料生産基盤別にみた搾乳部門の投資限界を明らかにするとともに，投資額と比較する。

さらに，道東・草地型酪農地帯の搾乳ロボット導入経営を対象に，搾乳ロボット導入に伴う経営構造，投入・産出，付加価値生産性，コストの変化を明らかにする。

第2節　飼料生産基盤が酪農経営における搾乳牛舎投資の経済性に及ぼす影響

調査対象地域は畑地型酪農地帯である十勝地域から牧草作付面積比率が低

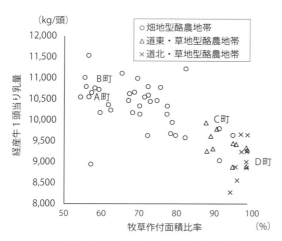

図 3-1　市町村別にみた牧草作付面積比率と経産牛1頭当り乳量の関係

資料：北海道農政部資料（2020年），牛群検定成績（2020年）
注：畑地型酪農地帯（十勝・オホーツク地域），道東・草地型酪農地帯（根室・釧路地域），
　　道北・草地型酪農地帯（天北地域）を対象とした。

55

第1部　飼料生産基盤が土地利用型酪農経営のコスト及び収益性に及ぼす影響

いA町（牧草作付面積比率58%）及びB町（同57%），道東・草地型酪農地帯である根室地域から牧草作付面積比率が最も低いC町（同92%），道北・草地型酪農地帯である天北地域から飼料用とうもろこし作付けが行われていないD町（同100%）を選定し（**図3-1**），フリーストール牛舎・搾乳ロボット2台を導入する3経営体ずつを無作為に抽出する。

また，搾乳部門の投資限界については，矢尾板（1985）及び畜産物生産費統計を参考にして，次式によって算出する。

$$K = U \frac{(1+i)^n - 1}{i(1+i)^n}$$

$$U = R - M - \frac{M}{12}i - L \cdot R - W$$

K：投資限界
U：資本回収見込額
i：利子率
n：総合耐用年数
R：粗収益
M：流動財費及び乳牛償却費
L・R：地代
W：労賃

利子率は農業経営基盤強化資金（令和5年1月19日）の値を用い，0.80%とした。また，家族労働費単価については，令和3年度牛乳生産費から算出し，1,864円/時間とした。

第1章において整理した通り，飼料作物作付面積に占める牧草の比率は，畑地型酪農地帯，道東・草地型酪農地帯，道北・草地型酪農地帯の順に高い。

このような飼料生産基盤の地帯差を踏まえて，牧草作付面積比率によって北海道の酪農経営を3区分し，区分毎にみた搾乳部門の経産牛1頭当り投資限界を牛乳生産費個票組替集計によって算出した（**表3-1**）。牧草作付面積比率が高いほど，乳量水準，投資限界ともに低く，特に牧草面積比率100%の経営群と100%未満の経営群の差異が大きい。

第3章　飼料生産基盤が搾乳牛舎投資及びスマート農業技術導入の経済性に及ぼす影響

表3-1　飼料生産基盤別にみた搾乳部門の投資限界

牧草作付面積比率	集計経営体数	経産牛飼養頭数	経産牛1頭当り								
			飼料作付面積	飼料作付面積		実搾乳量	粗収益	流動財費	利子・地代	労賃	資本回収見込額	投資限界
				牧草	とうもろこし							
		(頭)	(a/頭)	(a/頭)	(a/頭)	(kg/頭)	(千円/頭)	(千円/頭)	(千円/頭)	(千円/頭)	(千円/頭)	(千円/頭)
～69%	14	160	53	32	21	9,691	1,120	763	30	127	200	2,546
70～99%	16	149	97	83	14	9,274	1,079	723	30	140	187	2,372
100%	32	119	81	81	0	8,655	1,010	720	22	146	121	1,541
計	62	136	79	70	8	9,048	1,053	730	26	140	156	1,982

資料：農林水産省「農業経営統計調査（令和2年度牛乳生産費）」の調査票情報を独自集計したものである。
注：1）経産牛80頭以上の経営について集計した。
　　2）TMRを外部から購入する経営を除く。
　　3）フリーストール牛舎・搾乳ロボットを導入する調査事例の平均値に基づき，総合耐用年数13.4年とした。

表3-2　調査対象経営の概要

	No.	経営主年齢	労働力		乳牛飼養頭数		飼料作付面積		牧草作付比率	外部委託	
			家族	雇用	経産牛	育成牛	牧草	とうもろこし		哺育育成	粗飼料収穫
		(歳)	(人)	(人)	(頭)	(頭)	(a/頭)	(a/頭)	(%)		
畑地型	A1	46	4	0	115	98	12	14	47	育成預託	
	B1	55	3	0	132	87	22	19	54		TMRC
	B2	63	2	0	134	95	22	19	54	育成預託	TMRC
道東・草地型	C1	46	3	0	113	106	53	15	78	哺育・育成預託	コントラ委託
	C2	42	2	0	123	120	43	20	68		コントラ委託
	C3	35	4	0	142	154	55	18	75	哺育・育成預託	TMRC
道北・草地型	D1	32	2	1	138	25	77	0	100	哺育・育成預託	TMRC
	D2	37	4	0	162	108	77	0	100	育成預託	TMRC
	D3	57	5	1	175	118	91	0	100	育成預託	

資料：聞き取り調査（2022年）により作成。
注：1）畑地型酪農地帯を畑地型，道東・草地型酪農地帯を道東・草地型，道北・草地型酪農地帯を道北・草地型と表記した。
　　2）TMRセンター加入経営についてはセンターの経産牛1頭当り飼料作付面積，牧草作付面積比率を示した。

　このような差異が生じる要因として，養分摂取可能量が多く，飼料効果を高めやすいというとうもろこしサイレージの特質を指摘できる。
　以上から，飼料生産基盤の違い，具体的には牧草作付面積比率によって乳量水準，投資限界に格差が生じていることがうかがわれる。

57

第1部　飼料生産基盤が土地利用型酪農経営のコスト及び収益性に及ぼす影響

表3-3　フリーストール牛舎・搾乳ロボット導入に伴う施設の変化

	No.	導入前				導入後			
		形態	牛床(床)	建築年次(年)	搾乳機械	形態	牛床(床)	建築年次(年)	搾乳機械
畑地型	A1	繋ぎ	55	1971	パイプライン	FS	132	2013	搾乳ロボット2台
	B1	繋ぎ	73	1960	パイプライン	FS	128	2019	搾乳ロボット2台
	B2	繋ぎ	65	1973	パイプライン	FS	125	2015	搾乳ロボット2台
道東・草地型	C1	繋ぎ	50	1985	パイプライン	FS	156	2019	搾乳ロボット2台 アブレストパーラー（4S）
	C2	FS	85	1988	ヘリンボーンパーラー（9S）	FS	147	2019	搾乳ロボット2台 アブレストパーラー（4S）
	C3	FS	70	1991	パラレルパーラー（6W）	FS	126	2019	搾乳ロボット2台 アブレストパーラー（4S）
道北・草地型	D1	繋ぎ	74	不明	パイプライン	FS 繋ぎ	110 74	2002 不明	搾乳ロボット2台 パイプライン
	D2	繋ぎ	62	1982	パイプライン	FS 繋ぎ	136 62	2014 1982	搾乳ロボット2台 パイプライン
	D3	FS	170	1985	パラレルパーラー（6W）	FS FS	130 170	2021 1985	搾乳ロボット2台 ヘリンボーンパーラー

資料：聞き取り調査（2022年）により作成。
注：1）畑地型酪農地帯を畑地型，道東・草地型酪農地帯を道東・草地型，道北・草地型酪農地帯を道北・草地型と表記した。

　調査対象経営の概要を**表3-2**に示した。道北・草地型酪農地帯の事例は，畑地型酪農地帯及び道東・草地型酪農地帯の事例に比べて，労働力，経産牛飼養頭数ともに多いという特徴がある[注3]。道北・草地型酪農地帯の事例では，雇用労働力の導入もみられる。複数の事例において，TMRセンターへの加入[注4]，哺育・育成預託が行われており，品質の安定した粗飼料の確保及び搾乳牛の飼養管理に特化した作業体系の構築が図られている[注5]。

　表3-3にフリーストール牛舎・搾乳ロボット導入に伴う施設の変化を示した。1960〜80年代に建設された牛床50〜70床程度の繋ぎ飼い牛舎からの建て替えが多い。導入後の搾乳機については，畑地型酪農地帯の事例では搾乳ロボットの2台のみであるのに対し，道東・草地型酪農地帯の事例ではアブレストパーラーの併用，道北・草地型酪農地帯の事例では既存のパイプライ

第3章　飼料生産基盤が搾乳牛舎投資及びスマート農業技術導入の経済性に及ぼす影響

表3-4　フリーストール牛舎・搾乳ロボット導入に伴う労働時間の変化

		総労働時間	経産牛1頭当り労働時間						間接労働時間	自給牧草に係る労働時間
			計	直接労働時間	飼料の調理・給与・給水	敷料の搬入・きゅう肥の搬出	搾乳及び牛乳処理・運搬	その他		
		(時間)	(時間/頭)	(時間/頭)	(時間/頭)	(時間/頭)	(時間/頭)	(時間/頭)	(時間/頭)	(時間/頭)
畑地型	導入前	5,128	77	73	17	14	33	9	4	4
	導入後	3,434	26	25	2	5	9	9	1	1
道東・草地型	導入前	8,355	108	103	10	19	62	12	4	2
	導入後	5,478	49	46	5	13	25	3	3	1
道北・草地型	導入前	11,596	97	93	12	5	68	8	4	3
	導入後	7,590	47	45	8	5	21	10	2	2
同規模平均		9,550	68	65	12	8	37	8	3	2

資料：聞き取り調査（2022年）により作成。
注：1）畑地型酪農地帯を畑地型，道東・草地型酪農地帯を道東・草地型，道北・草地型酪農地帯を道北・草地型と表記した。
　　2）同規模平均は令和2年度畜産物生産費（牛乳生産費）の経産牛100～200頭の値である。

ンまたはヘリンボーンパーラー併用といった違いがみられる。フリーストール牛舎・搾乳ロボット導入の理由としては，いずれも搾乳牛舎の老朽化と作業性の改善が挙げられる。また，道東・草地型酪農地帯，道北・草地型酪農地帯の事例におけるアブレストパーラー，既存のパイプライン併用の理由としては，搾乳ロボット不適合牛の搾乳に加えて，負債償還のための資金確保が挙げられる[注6]。

表3-4にフリーストール牛舎・搾乳ロボット導入に伴う労働時間の変化を示した。いずれも，経産牛1頭当り労働時間及び総労働時間は減少しており，同規模平均に比べて低い水準を実現している。ただし，搾乳ロボットのみで搾乳を行う畑地型酪農地帯の事例に対して，道東・草地型酪農地帯，道北・草地型酪農地帯の事例は経産牛1頭当り労働時間が長い[注7]。さらに道北・草地型酪農地帯の事例は経産牛飼養頭数が多いことから，道東・草地型酪農地帯の事例に比べて総労働時間が長い。

第1部　飼料生産基盤が土地利用型酪農経営のコスト及び収益性に及ぼす影響

表3-5　地域別にみた事例における投入・産出

	濃厚飼料	グラスサイレージ	とうもろこしサイレージ	乾草	経産牛1頭当り乳量	飼料効果	除籍牛率	うち、死廃	経産牛1頭当り子牛頭数
	(kg/頭・日)	(kg/頭・日)	(kg/頭・日)	(kg/頭・日)	(kg/頭)		(%)	(%)	(頭)
畑　地　型	16	15	25	1	12,920	2.7	32	8	0.97
道東・草地型	14	25	20	0	11,532	2.6	25	12	1.05
道北・草地型	16	37	0	0	9,655	2.0	27	12	0.96

資料：聞き取り調査（2022年），農協データ（2021年），生物台帳（2021年）により作成。
注：1）畑地型酪農地帯を畑地型，道東・草地型酪農地帯を道東・草地型，道北・草地型酪農地帯を道北・草地型と表記した。
　　2）飼料効果＝乳量÷濃厚飼料給与量。

表3-6　フリーストール牛舎・搾乳ロボット導入に伴う経産牛1頭当り乳量の変化

（単位：kg/頭，%）

	導入前	導入後	変化率
畑　地　型	9,490	12,920	36
道東・草地型	8,597	11,532	34
道北・草地型	8,110	9,877	22

資料：農協資料により作成。
注：1）畑地型酪農地帯を畑地型，道東・草地型酪農地帯を道東・草地型，道北・草地型酪農地帯を道北・草地型と表記した。
　　2）導入前は導入前年，導入後は調査年（2021年）の値を示す。
　　3）導入後20年が経過し，経営者が交替しているS1の値を除く。

　表3-5に地域別にみた事例における投入・産出を示した。サイレージ給与量に占めるとうもろこしサイレージの比率，経産牛1頭当り乳量，飼料効果いずれも，畑地型酪農地帯，道東・草地型酪農地帯，道北・草地型酪農地帯の順に高い。畑地型の事例における除籍牛率の高さは搾乳ロボット不適合牛，低能力牛を積極的に淘汰することで，作業効率，乳量水準の向上を図っていることに起因する。

　表3-6にフリーストール牛舎・搾乳ロボット導入に伴う経産牛1頭当り乳量の変化を示した。いずれも乳量は増加しているが，導入前後ともに，畑地型酪農地帯，道東・草地型酪農地帯，道北・草地型酪農地帯の順に高いとい

第3章　飼料生産基盤が搾乳牛舎投資及びスマート農業技術導入の経済性に及ぼす影響

表3-7　フリーストール牛舎・搾乳ロボット導入に伴う投資額

	更新年次	投資額 総額				牛床当り	総合耐用年数
		計	建物	構築物	機械	計	
	(年)	(千円)	(千円)	(千円)	(千円)	(千円/床)	(年)
畑　地　型	2016	196,842	125,764	3,281	67,798	1,535	12.6
道東・草地型	2019	239,585	170,030	19,826	49,729	1,667	14.2
道北・草地型	2018	181,320	113,519	17,888	49,914	1,366	13.4
計	2017	208,990	139,302	13,137	56,551	1,542	13.4

資料：固定資産台帳（2021年）により作成。
注：1）畑地型酪農地帯を畑地型，道東・草地型酪農地帯を道東・草地型，道北・草地型酪農地帯を道北・草地型と表記した。
　　2）導入後20年が経過しているS1の値を除く。

表3-8　地域別にみた事例における搾乳部門の投資限界

	集計経営体数	経産牛1頭当り						総額
		粗収益	流動財費	資本利子・地代	労賃	資本回収見込額	投資限界	投資限界
	(経営体)	(千円/頭)	(千円/頭)	(千円/頭)	(千円/頭)	(千円/頭)	(千円/頭)	(千円)
畑　地　型	3	1,412	1,131	9	51	221	2,807	359,334
道東・草地型	3	1,287	1,026	13	90	157	1,997	246,497
道北・草地型	3	1,056	879	9	76	92	1,172	191,947
北海道平均	225	1,010	740	23	151	96	1,214	101,865

資料：取引伝票（2021年），生物台帳（2021年），聞き取り調査（2022年）により作成。
注：1）畑地型酪農地帯を畑地型，道東・草地型酪農地帯を道東・草地型，道北・草地型酪農地帯を道北・草地型と表記した。
　　2）フリーストール牛舎・搾乳ロボット導入事例の平均値に基づき，総合耐用年数13.4年とした。
　　3）北海道平均は令和3年度牛乳生産費から算出した。

う序列は変わらない。また，道北・草地型酪農地帯の事例は，畑地型酪農地帯，道東・草地型酪農地帯の事例に比べて，増加率が低い。

　表3-7に事例におけるフリーストール牛舎・搾乳ロボット導入に係る投資額を示した。5事例の平均投資額総額は2億円以上に達する。事例間の差は工事労務費や資材単価，牛床数[注8]，補助事業の対象，補助率の違いに起因する。

第1部　飼料生産基盤が土地利用型酪農経営のコスト及び収益性に及ぼす影響

　表3-8に地域別にみた事例における搾乳部門の投資限界について示した。搾乳部門の経産牛1頭当り投資限界も，畑地型酪農地帯，道東・草地型酪農地帯，道北・草地型酪農地帯の順に高く，うち道北・草地型酪農地帯の事例における経産牛1頭当り投資限界はフリーストール牛舎・搾乳ロボット導入に係る牛床当り投資額を下回る。その下で，道北・草地型酪農地帯の事例は既存のパイプラインやパーラーを併用することで，畑地型酪農地帯，道東・草地型酪農地帯の事例に比べてより多くの経産牛を飼養しており，搾乳部門の投資限界総額は投資額総額を上回る。

　以上の通り，牧草作付面積比率が高いほど乳量水準，投資限界が低くなり，それを補うために飼養頭数が多く，総労働時間が長くなるという傾向がみられる。

第3節　道東・草地型酪農地帯におけるスマート農業技術導入の経済性

　本節では，道東・草地型酪農地帯の根室地域C町（搾乳ロボット導入率16％）における搾乳ロボット導入経営6事例（経産牛飼養頭数100～199頭）を対象に，搾乳ロボット導入に伴う経営構造，労働時間，乳量，繁殖成績の変化を明らかにする。

　さらに，上記6事例のうち，増頭を完了しており，かつ，フリーストール牛舎・ミルキングパーラーからの転換である2事例を対象に[注9]，搾乳ロボット導入に伴う投入・産出，付加価値生産性，コストの変化を明らかにする。

　表3-9に搾乳ロボット導入に伴う経営構造の変化を示した。家族労働力数は2～4人であり，雇用労働力の導入は行われていない。C5を除いて労働力は増加していないが，いずれも搾乳ロボット導入に伴い経産牛飼養頭数を増加させている。また，耕地面積は変化していないが，C1，C5が飼料用とうもろこしを新たに導入している。C6以外の牧草作付面積比率は68～78％と地域平均を大きく下回る。さらに，C1，C5は，哺育，育成や飼料作物の収穫を外部に新たに委託している。

　以上の通り，調査対象経営は，搾乳ロボットを導入するとともに，哺育・

第3章　飼料生産基盤が搾乳牛舎投資及びスマート農業技術導入の経済性に及ぼす影響

表3-9　調査対象経営の概要

	No.	労働力 家族 (人)	労働力 雇用 (人)	乳牛飼養頭数 経産牛 (頭)	乳牛飼養頭数 育成牛 (頭)	農地 耕地面積 (ha)	飼料作付面積 牧草 (a/頭)	飼料作付面積 とうもろこし (a/頭)	牧草作付比率 (%)	飼養方式	外部委託 預託	外部委託 粗飼料収穫
導入前	C1	4	0	49	37	77	157	0	100	放牧		
	C2	3	0	113	79	77	47	22	68	舎飼		コントラ委託
	C3	3	0	107	85	102	64	24	73	舎飼	哺育・育成	TMRC
	C4	3	0	65	47	150	66	21	76	舎飼		TMRC
	C5	2	0	82	66	83	101	0	100	放牧		
	C6	3	0	100	92	90	90	0	100	放牧	育成	
導入後	C1	3	0	113	106	77	53	15	78	舎飼	哺育・育成	コントラ委託
	C2	2	0	123	120	77	43	20	68	舎飼		コントラ委託
	C3	3	0	142	154	102	55	18	75	舎飼	哺育・育成	TMRC
	C4	2	0	101	120	150	52	17	76	舎飼		TMRC
	C5	4	0	130	175	83	52	17	76	舎飼	育成	TMRC
	C6	3	0	144	148	90	63	0	100	舎飼	育成	

資料：聞き取り調査（2022年）により作成。

　育成や飼料作物収穫作業を外部に委託し，限られた家族労働力の下で増頭を行っている。また，1経営を除き，養分摂取可能量が多く，飼料効果を高めやすい飼料用とうもろこしを作付けしている。

　表3-10に搾乳ロボット導入の契機・目的を示した。いずれも，老朽化した搾乳牛舎の更新に際し，省力化を目的に搾乳ロボットを導入しており，データ活用による生産性向上は目的として挙げられていない。搾乳ロボット導入に対する評価としては，労働時間の減少，経産牛1頭当り乳量の向上，繁殖成績の改善といった効果が挙げられる一方，疾病の増加も一部で指摘されている。

　表3-11に，搾乳ロボット導入に伴う牛舎形態・搾乳機の変化を示した。繋ぎ飼い牛舎・パイプラインミルカーからの転換が多い。いずれも搾乳ロボット2台とアブレストパーラーまたはパラレルパーラーを併用している。アブレストパーラーまたはパラレルパーラー併用の理由としては，搾乳ロ

表3-10 搾乳ロボット導入の契機・目的と評価

No.	導入の契機・目的	導入に対する評価
C1	・牛舎が老朽化しており，作業性が悪く，乳房炎も多かった ・省力化のために搾乳ロボットを導入したかった	・導入前に比べて労働強度は軽減したが，拘束時間は伸びた ・経産牛1頭当り乳量は増えた ・蹄病牛・初産牛（ロボ）および治療牛（パーラー）の搾乳に時間を要している
C2	・牛舎が老朽化しており，作業性が悪かった ・家族労働力の減少に対応するために搾乳ロボットを導入したかった	・増頭したが労働時間は変わらない ・経産牛1頭当り乳量は増えた ・グラスサイレージの品質が悪かったこともあり，周産期疾病が増加した
C3	・牛舎が老朽化しており，過密だった ・将来の家族労働力減少を見据えて，搾乳ロボットを導入したかった（従業員雇用には抵抗がある）	・経産牛1頭当り乳量は増加し，労働時間は減少した ・繁殖成績，事故率も変化無し
C4	・牛舎が老朽化しており，更新が必要だった ・入替搾乳を行っており，過重労働となっていた ・省力化しつつ増頭するために搾乳ロボットを導入したかった	・経産牛1頭当り乳量は増加し，労働時間は減少した ・繁殖成績も向上した
C5	・牛舎が老朽化しており，作業性が悪く，乳房炎も多かった・入替搾乳を行っており，過重労働となっていた	・乳房炎は減り，経産牛1頭当り乳量は増えた ・労働時間は減った ・当初は不適合牛の淘汰が生じた ・第四胃変位もやや増えた
C6	・牛舎が老朽化しており，作業性が悪かった ・省力化のために搾乳ロボットを導入したかった	・肉体的負担は減ったが，精神的負担は増えた ・労働時間は減った ・経産牛1頭当り乳量は増え，繁殖成績も向上した

資料：聞き取り調査（2022年）により作成。

ボット不適合牛の搾乳に加えて，負債償還のための資金確保のための増頭が挙げられる。

　表3-12に搾乳ロボット導入に係る投資額を示した。機械だけでも6,000万円以上，さらに，牛舎の建て替えを伴っていることから，建物を含めると3億円弱に達する。建築費用の高騰を反映し，2019年に導入した3事例に比べて，2021年に導入した3事例の投資額が多くなっている。

　表3-13に搾乳ロボット導入に伴う労働時間の変化を示した。搾乳ロボット導入に伴い，経産牛1頭当り労働時間は半減している。また，経産牛飼養頭数は増加しているが，総労働時間も減少している。特に，経営主以外の労

第3章　飼料生産基盤が搾乳牛舎投資及びスマート農業技術導入の経済性に及ぼす影響

表 3-11　搾乳ロボット導入に伴う牛舎形態・搾乳機の変化

No.	導入前 形態	牛床(床)	建築年次(年)	搾乳機械	導入後 形態	牛床(床)	建築年次(年)	搾乳機
C1	繋ぎ	50	1985	パイプラインミルカー	FS	156	2019	搾乳ロボット2台 アブレストパーラー（4S）
C2	FS	85	1988	ヘリンボーンパーラー（9S）	FS	147	2019	搾乳ロボット2台 アブレストパーラー（4S）
C3	FS	70	1991	パラレルパーラー（6W）	FS	126	2019	搾乳ロボット2台 アブレストパーラー（4S）
C4	繋ぎ	54	1978	パイプラインミルカー	FS	170	2021	搾乳ロボット2台 アブレストパーラー（3S）
C5	繋ぎ	44	1979	パイプラインミルカー	FS	180	2021	搾乳ロボット2台 パラレルパーラー（8S）
C6	繋ぎ	90	1972	パイプラインミルカー	FS	150	2021	搾乳ロボット2台 アブレストパーラー（4S）

資料：聞き取り調査（2022年）により作成。

表 3-12　搾乳ロボット導入に係る投資額

No.	導入年次(年)	フリーストール牛舎	ラグーン	バンカサイロ	搾乳ロボット	自動給餌機	えさ寄せロボット	バーンスクレーパ	計(万円)	建物(万円)	構築物(万円)	機械(万円)
C1	2019	○	○		○	○		○	26,466	18,720	1,463	6,284
C2	2019	○	○	○	○			○	26,501	19,453	2,540	4,508
C3	2019	○	○		○		○	○	18,908	12,836	1,945	4,127
C4	2021	○	○		○		○	○	29,729	22,113	1,600	6,016
C5	2021	○	○		○		○	○	39,018	24,859	5,100	9,059
C6	2021	○	○		○	○		○	32,741	22,518	3,445	6,777
平均									28,894	20,083	2,682	6,128

資料：固定資産台帳（2021年）により作成。

表3-13 搾乳ロボット導入伴う経産牛1頭当り労働時間の変化

| | | 総労働時間 | 経産牛1頭当り労働時間 ||||||| 間接労働時間 | 自給牧草に係る労働時間 |
| | | | 計 | 直接労働時間 | 飼料の調理・給与・給水 | 敷料の搬入・きゅう肥の搬出 | 搾乳及び牛乳処理・運搬 | その他 | | |
		(時間)	(時間/頭)	(時間/頭)	(時間/頭)	(時間/頭)	(時間/頭)	(時間/頭)	(時間/頭)	(時間/頭)
経営主	導入前	3,603	47	43	6	6	24	6	4	2
	導入後	2,688	22	19	3	6	5	5	2	1
	変化	-916	-25	-23	-3	0	-19	-1	-2	-1
経営主以外	導入前	2,284	32	32	2	7	20	3	0	0
	導入後	1,267	10	10	1	2	7	1	0	0
	変化	-1,017	-22	-22	-1	-6	-13	-3	0	0

資料：聞き取り調査（2022年）により作成。

表3-14 搾乳ロボット及びセンサーから得られるデータの活用状況

| No. | メーカー | データ活用 |||||
		発情	妊娠	反芻	ケトーシス	乳房炎
C1	A	○	○		○	○
C2	A	○			○	○
C3	B	○		○		○
C4	B	○				○
C5	A	○	○			○
C6	B	○		○		○

資料：聞き取り調査（2022年）により作成。

働時間の変化が大きい。労働時間の変化が大きい作業は，搾乳及び牛乳処理・運搬である。一方で，経営主の労働時間は製造業平均（1,871時間/人[注10]）を上回る水準にある。

　表3-14に搾乳ロボット及びセンサーから得られるデータの活用状況について示した。メーカーによって得られる情報に違いがあるが，発情，妊娠，疾病に関する情報が活用されている。

　表3-15に搾乳ロボット導入に伴う経産牛1頭当り乳量及び繁殖成績の変化を示した。搾乳ロボット導入に伴い，経産牛1頭当り乳量増加，分娩間隔，

第3章　飼料生産基盤が搾乳牛舎投資及びスマート農業技術導入の経済性に及ぼす影響

表3-15　搾乳ロボット導入に伴う経産牛1頭当り乳量及び繁殖成績の変化

	経産牛1頭当り乳量（kg/頭）	分娩間隔（日）	空胎日数（日）	授精回数（回）	除籍牛率（%）	うち死廃（%）
導入前	9,436	421	135	2.2	28	7
導入後	11,471	387	117	1.9	28	2
変化	2,035	-35	-18	-0.4	0	-5
根室平均	9,758	418	142	2.2	30	7

資料：乳用牛群検定成績（2015年，2022年）
注：1）調査対象経営のうち，牛群検定に加入している4経営について集計した。
　　2）根室平均の値は2022年の値である。
　　3）経産牛1頭当り乳量は検定乳量であり，出荷乳量とは異なる。

空胎日数の短縮，授精回数の減少，死廃率の低下がみられ，根室地域平均を上回る成績を実現している。

　以上の通り，搾乳ロボットは老朽化した搾乳牛舎の建て替えを契機として，省力化を目的に導入されており，大幅な労働時間削減を実現している。さらに，必ずしもデータ活用による生産性向上を目的に導入されたわけではないが，搾乳ロボットから得られる発情，妊娠，疾病に関する情報を活用しつつ，経産牛1頭当り乳量増加，繁殖成績改善，死廃率低下が実現されている。ただし，建築費用高騰の影響もあり，搾乳ロボット導入に係る投資額は，建物を含めると3億円弱に達する。

　表3-16にフリーストール牛舎・ミルキングパーラーからの転換である2事例における，搾乳ロボット導入に伴う投入・産出の変化を示した。搾乳ロボット導入に伴い，経産牛1頭当り労働時間は減少し，除籍牛率，死廃率は低下している。経産牛1頭当り濃厚飼料は増加しているが，経産牛1頭当り乳量も増加していることから，飼料効果は向上している。また，経産牛1頭当り子牛頭数も増加している。このように，濃厚飼料の多給，データ活用による繁殖成績の改善，搾乳ロボットによる多回搾乳によって，経産牛1頭当り乳量が増加している。

　表3-17に搾乳ロボット導入に伴う付加価値生産性の変化を示した。搾乳

第1部　飼料生産基盤が土地利用型酪農経営のコスト及び収益性に及ぼす影響

表3-16　搾乳ロボット導入に伴う投入・産出の変化

	投入						産出		
	経産牛1頭当り				除籍牛率	うち死廃	経産牛1頭当り		
	農地	労働時間	濃厚飼料給与量	固定資本			実搾乳量	飼料効果	子牛頭数
	(a/頭)	(時間/頭)	(kg/頭)	(千円/頭)	(%)	(%)	(kg/頭)		(頭)
導入前	81	65	14	852	34	19	8,858	2.1	0.94
導入後	73	40	15	2,032	29	16	11,900	2.6	1.05
変化	-8	-25	1	1,179	-6	-3	3,042	0.5	0.11

資料：固定資産台帳（2015年, 2021年），生物台帳（2015年, 2021年），出荷乳量データ（2015年, 2021年），聞き取り調査（2022年）により作成。
注：1）飼料効果＝濃厚飼料給与量1kg当りの乳量。
　　2）成畜評価額の単価は導入前後で変わらないものとした。

表3-17　搾乳ロボット導入に伴う付加価値生産性の変化

	経産牛1頭当り			耕地面積10a当り	労働時間1時間当り	固定資産千円当り
	粗収益	物財費	農業純生産	農業純生産	農業純生産	農業純生産
	(千円/頭)	(千円/頭)	(千円/頭)	(円/10a)	(円/時間)	(円)
導入前	955	842	113	13,269	1,661	152
導入後	1,290	1,186	104	13,796	2,528	53
変化	335	344	-8	527	867	-99

資料：取引伝票（2015年, 2021年），生物台帳（2015年, 2021年），聞き取り調査（2022年）により作成。

　ロボット導入に伴い，経産牛1頭当り農業純生産はやや減少している。耕地面積の拡大を伴わずに経産牛飼養頭数を増加させていることから，土地生産性（耕地面積10a当り農業純生産）は向上している。また，労働時間が減少していることから，労働生産性（労働時間1時間当り農業純生産）も向上している。しかし，搾乳ロボット導入には多額の投資を要することから，資本生産性（固定資本千円当り農業純生産）は低下している。
　表3-18に搾乳ロボット導入に伴う牛乳生産費の変化を示した。搾乳ロボット導入に伴い，経産牛1頭当り牛乳生産費は増加するものの，経産牛1頭当

第3章　飼料生産基盤が搾乳牛舎投資及びスマート農業技術導入の経済性に及ぼす影響

表3-18　搾乳ロボット導入に伴う牛乳生産費の変化

	経産牛1頭当たり									実搾乳量100kg当り
	物財費	飼料費	乳牛償却費	農機具・建物・自動車費	その他物財費	労働費	副産物価額	利子・地代	全算入生産費	全算入生産費
	(千円/頭)	(千円/頭)	(千円/頭)	(千円/頭)	(千円/頭)	(千円/頭)	(千円/頭)	(千円/頭)	(千円/頭)	(円/100kg)
導入前	842	434	224	74	110	113	100	50	884	9,979
導入後	1,186	536	246	210	194	68	142	61	1,151	9,682
変化	344	103	21	136	83	-44	42	12	268	-297

資料：取引伝票（2015年，2021年），生物台帳（2015，2021年），聞き取り調査（2022年）により作成。
注：成畜評価額の単価は導入前後で変わらないものとした。

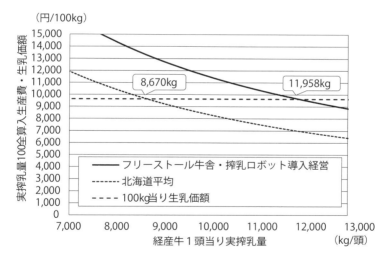

図3-2　経産牛1頭当り乳量と実搾乳量100kg当り全算入生産費の関係

資料：令和3年度畜産物生産費統計及び表3-18により作成。
注：1）実搾乳量100kg当り全算入生産費＝経産牛1頭当り全算入生産費÷経産牛1頭当り実搾乳量
　　2）実搾乳量100kg当り生乳価額と実搾乳量100kg当り全算入生産費が均衡する経産牛1頭当り実搾乳量11,959kg/頭＝経産牛1頭当り全算入生産費1,151千円/頭÷実搾乳量100kg当り生乳価額9,627円/100kg

り乳量も増加していることから，実搾乳量100kg当り全算入生産費は低下している。変化が大きい費目は飼料費，農機具・建物・自動車費，労働費である。飼料費の増加は濃厚飼料給与量の増加，流通飼料単価の上昇による。

図3-2に経産牛1頭当り実搾乳量水準別にみた実搾乳量100kg当り牛乳生産費を示した。搾乳ロボットを導入する下で，実搾乳量100kg当り牛乳生産費が生乳価額を下回るためには経産牛1頭当り実搾乳量11,959kg/頭以上が必要になると試算される。

第4節 小括

フリーストール牛舎・搾乳ロボット導入経営における投資限界の分析から，次の諸点を指摘できる。

第一に，フリーストール牛舎・搾乳ロボット導入経営における搾乳部門の経産牛1頭当り投資限界と牧草作付面積比率には関係性がみられ，搾乳部門の経産牛1頭当り投資限界は畑地型酪農地帯の事例，道東・草地型酪農地帯の事例，道北・草地型酪農地帯の事例の順に低い[注11]。

第二に，うち道北・草地型酪農地帯の事例における経産牛1頭当り投資限界はフリーストール牛舎・搾乳ロボット導入に係る牛床当り投資額を下回る。すなわち，新たに建設した牛舎における生産だけでは投資を回収することができない恐れがある。

第三に，道北・草地型酪農地帯の事例では既存のパイプラインまたはヘリンボーンパーラーを併用することで，畑地型，道東・草地型酪農地帯の事例に比べてより多くの経産牛を飼養しており，搾乳部門の投資限界総額は投資額総額を上回る。ただし，投資限界総額は畑地型酪農地帯，道東・草地型酪農地帯の事例を下回る一方，総労働時間は最も多く，雇用労働力の導入もみられる。

以上から，飼料用とうもろこし作付けが行われず，乳量水準が低い道北・草地型酪農地帯においては，畑地型酪農地帯や道東・草地型酪農地帯に比べて，フリーストール・搾乳ロボット導入による搾乳牛舎更新のハードルが高

第3章　飼料生産基盤が搾乳牛舎投資及びスマート農業技術導入の経済性に及ぼす影響

いと考えられる。投資限界額向上のためには，家族労働費評価の切り下げ，あるいは，既存牛舎も併用した飼養頭数規模拡大が必要になるが，後者の場合，雇用労働力の確保も課題になる[注12]。このことを踏まえると，道北・草地型酪農地帯における搾乳牛舎更新に向けては，条件不利補正やより必要投資額が少ない搾乳牛舎形態・飼養方式を検討する必要があると考えられる。

さらに，道東・草地型酪農地帯の搾乳ロボット導入経営における投入・産出の分析から，次の諸点を指摘できる。

第一に，搾乳ロボット導入に伴い，経産牛飼養頭数は増加しているにもかかわらず，総労働時間は減少している。特に経営主以外の家族の労働時間変化が大きい。

第二に，濃厚飼料多給，データ活用，多回搾乳により，繁殖成績の改善，除籍牛率の低下，経産牛1頭当り乳量の増加，飼料効果の向上が実現している。これらの結果として，労働生産性が向上し，コストは低減している。しかし，経営主の労働時間は，依然として製造業平均を上回る水準にある。また，搾乳ロボット導入には多額の投資を要することから，資本生産性は低下している。

第三に，実搾乳量100kg当り全算入生産費が生乳価額を下回るためには，11,959kg/頭以上という，北海道平均に比べて極めて高い経産牛1頭当り乳量を実現する必要がある。しかし，搾乳ロボットを導入したとしても，必ずしも高泌乳が実現されるわけではない[注13]。搾乳ロボットを単なる省力化技術として位置付けるのではなく，あわせてデータ活用，多回搾乳による投入・産出の改善が不可欠である。また，データ活用，多回搾乳を行っても，地域の飼料生産基盤によっては，搾乳ロボット導入に係る投資の回収が困難となる場合があると考えられる。さらに，搾乳ロボットの導入には多額の投資を要することから，さらなる「はてしなき規模拡大」[注14]を引き起こし，規模拡大に対応できない酪農経営の離農を加速させかねない。

以上を踏まえると，スマート農業技術の導入は北海道酪農の労働生産性を向上させるが，必ずしも経営の持続性を高めるとはいえない。このため，ス

第 1 部　飼料生産基盤が土地利用型酪農経営のコスト及び収益性に及ぼす影響

マート農業に限定せず，地域の条件に応じた持続的な酪農経営のあり方を模索する必要がある。

注 1 ）荒木（1994），宮沢（1984）。なお，荒木（1994）は，さらに草地型酪農を飼養形態によって夏期放牧型と通年舎飼型に分類している。
注 2 ）投資限界（設備投資額の経済的許容限界）とは，「資本に帰属する生産価値額である資本回収見込額，それに所定の計算利子率，設備投資の耐用年数，見方をかえれば必要資本回収見込期間を条件にして，資本採算性の見地と方法からみた経済的に許容される投資額の限界を意味する」（矢尾板，1985）。ここでは，建物・自動車・農機具に対する投資限界を算出するため，乳牛償却費は差し引いている。また，育成部門の違いによる影響を取り除くため，子牛は全て初生で売却し，搾乳牛を外部から調達することを前提としている。
注 3 ）道東・草地型酪農地帯の 3 事例はいずれもフリーストール牛舎・搾乳ロボット導入 2 年目であり，増頭中である。
注 4 ）調査対象経営が加入するTMRセンターは，いずれも粗飼料を自給していることから，その加入経営における投資限界は地域の飼料生産基盤の影響を受けると考えられる。また，TMRセンター加入経営と非加入経営では費用の構成比率は異なるが（流通飼料費が高く，牧草・放牧・採草費，労働費，地代が低くなる），投資限界算出のために粗収益から差し引く費用の範囲は同一である。以上から，調査対象にTMRセンター加入経営が含まれていても問題ないと判断した。
注 5 ）D3も2023年に新たに設立されるTMRセンター加入予定である。
注 6 ）後継者夫婦の就農に伴う飼養頭数規模拡大のためにフリーストール牛舎・搾乳ロボットを導入したD3を除く。
注 7 ）なお，道東・草地型酪農地帯の事例における搾乳及び牛乳処理・運搬に係る経産牛 1 頭当り労働時間が道北・草地型の事例を上回る水準である理由として，繋ぎ形態から転換したC1において，パーラー搾乳に不慣れな女性労働者が搾乳牛の移動に長時間を要していることが挙げられる。
注 8 ）牛床（牛の寝床）の数は牛舎の飼養可能頭数の目安を表す。
注 9 ）繋ぎ飼い牛舎からフリーストール牛舎への変更による影響を除き，搾乳ロボット導入の効果を評価するため。
注10）令和 3 年度毎月勤労統計調査より算出。

第3章　飼料生産基盤が搾乳牛舎投資及びスマート農業技術導入の経済性に及ぼす影響

注11) 道東・草地型酪農地帯（根釧地域）では，牧草作付面積比率の市町村間差，経営間差が大きく，本章で対象とした道東・草地型酪農地帯の事例における牧草作付面積比率は，地域平均を大きく下回ることに留意する必要がある。
注12) 根室生産農業協同組合連合会の調査（2021年）によると，根室地域の搾乳ロボット導入経営16事例における経産牛1頭当り乳量水準は6,975～12,328kg/頭とばらつきが大きい。
注13) 七戸（1988）。
注14) 岡田（2020）は道北の地域特性として疎な労働市場を指摘し，「経営展開に向けた従業員確保は容易ではない」ことを指摘している。

73

第4章　草地型酪農地帯における放牧経営の持続に向けた課題とフリーストール牛舎導入が牛乳生産費に及ぼす影響

第1節　課題

　北海道においても，乳牛飼養戸数は減少の一途を辿っており，近年は，乳牛飼養頭数，生乳生産量の維持が危ぶまれる状況にある。乳牛飼養頭数の減少率には地帯差があり，十勝地域を中心とする畑地型酪農地帯においては，飼養頭数規模の拡大を通じて飼養頭数が伸びている一方で，根釧地域，天北地域といった草地型酪農地帯では飼養頭数規模の拡大が進まず，飼養戸数の減少が飼養頭数の減少につながっている。

　草地型酪農地帯における酪農経営の過半は放牧を行っている経営（以下，放牧経営）である。放牧は，大型機械を利用できない傾斜地や飼料用とうもろこし栽培が難しい地域に適する土地利用法とされる[注1]。既往研究では，放牧は舎飼に比べて，労働時間が短く，流通飼料費，乳牛償却費が低く，省力，高収益な飼養形態であるとされており[注2]，「酪農及び肉用牛生産の近代化を図るための基本方針」（農林水産省2015年）においても，省力化，飼料費の低減に向けて，放牧の推進が掲げられている。しかし，草地型酪農地帯における乳牛飼養戸数の減少には歯止めがかからず，乳牛飼養頭数は減少している。果たして，草地型酪農地帯において，放牧経営を中心とした酪農によって生乳生産を維持することは可能なのだろうか。

　そこで，本章では，草地型酪農地帯における放牧経営を対象として，経営資源の保有・利用状況，その下での農業所得と労働時間について，飼養形態，搾乳機による違いを明らかにするとともに，他産業の水準と比較し，放牧経

営の持続に向けた課題について考察する。

その上で，フリーストール牛舎導入による放牧方式の変化，及び，牛舎形態，放牧方式，時期（放牧期，舎飼期）の違いが牛乳生産費に及ぼす影響について分析し，フリーストール牛舎導入による省力化と放牧によるコスト低減両立の可能性について考察する。

第2節　草地型酪農地帯における放牧経営の持続に向けた課題

まず，道東・草地型酪農地帯の釧路地域を対象として，農協が保有するデータの組み替え集計により，通年舎飼いを行っている経営（以下，舎飼経営）に比べた放牧経営における経営資源の保有・利用状況，経済性の特徴を明らかにする。

さらに，釧路地域の中でも傾斜地の比率が高く，放牧経営が多く存在するX町を対象として，放牧経営の中核である経産牛頭数50〜80頭程度の酪農経営から調査協力が得られた12経営体と同規模の舎飼経営4経営体（比較対照）を対象として，農業所得，労働時間について，飼養形態，搾乳機による違いを明らかにするとともに，他産業の水準（平成28年度毎月勤労統計調査における製造業の値）と比較する。

釧路地域の酪農経営を舎飼経営と放牧経営に分類し，**表4-1**に経営資源（労働力，施設，土地）の保有・利用状況を，**表4-2**に経済性（農業粗収益，飼料費）を示した。

放牧経営は，舎飼経営に比べて，経産牛80頭未満の経営体数比率が高く，フリーストール牛舎の導入率が低い。放牧経営の中核である経産牛50〜79頭層に注目すると，経営主の年齢は50歳代で後継者を確保している経営は2割に留まり，家族労働力は3人を下回る。雇用労働力はほとんど導入されていない。フリーストール牛舎の導入率は2割に満たず，大半は繋ぎ飼い牛舎を利用している。同一規模で放牧経営と舎飼経営を比較すると，経営主年齢，家族労働力数，成牛換算1頭当り草地面積に明瞭な差は無い。一方，経済性には差がみられ，放牧経営は同規模の舎飼経営に比べ，経産牛1頭当りの乳

第4章　草地型酪農地帯における放牧経営の持続に向けた課題とフリーストール牛舎導入が牛乳生産費に及ぼす影響

表 4-1　飼養形態別にみた労働力・施設・土地

	経産牛飼養頭数	経営体数比率(%)	経営主年齢(歳)	同居後継者確保率(%)	家族労働力(人)	雇用労働費(万円/経営体)	フリーストール牛舎導入率(%)	成牛換算1頭当り草地面積(ha/頭)
放牧	～29 頭	7	59	5	1.9	6	5	1.53
	30～49 頭	30	53	16	2.4	18	2	1.23
	50～79 頭	40	51	22	2.8	50	16	0.81
	80～99 頭	11	45	20	3.1	190	40	0.65
	100～149 頭	9	46	18	3.5	461	39	0.63
	150 頭～	3	37	27	4.4	1,939	100	0.50
	計（平均）	100	51	18	2.8	154	18	0.94
舎飼	～29 頭	4	55	0	1.9	16	19	1.69
	30～49 頭	15	53	14	2.4	25	0	0.96
	50～79 頭	27	49	23	2.8	44	22	0.82
	80～99 頭	15	51	36	3.3	143	45	0.63
	100～149 頭	22	51	30	3.5	414	75	0.54
	150 頭～	16	40	19	4.1	1,603	95	0.41
	計（平均）	100	49	23	3.1	386	45	0.72

資料：釧路管内の農協が保有するデータ（2017 年）により作成。放牧経営 319 経営体,舎飼経営 367 経営体。
注：1）TMR センター加入経営を除く。
　　2）放牧経営は搾乳牛の放牧を行っている酪農経営を指す。

表 4-2　飼養形態別にみた労働力・施設・土地

	経産牛飼養頭数	経産牛1頭当り					乳量1kg 当り
		乳量(kg/頭)	農業粗収益(万円/頭)	生乳(万円/頭)	家畜(万円/頭)	流通飼料費(経産牛)(万円/頭)	流通飼料費(経産牛)(円/kg)
放牧	～29 頭	6,089	85	59	19	14	22
	30～49 頭	6,828	87	65	17	16	23
	50～79 頭	7,104	90	69	18	19	26
	80～99 頭	7,039	87	68	17	18	25
	100～149 頭	7,155	89	69	16	18	25
	150 頭～	8,094	97	78	12	23	28
	平　均	6,986	89	67	17	18	25
舎飼	～29 頭	5,741	88	52	25	14	23
	30～49 頭	6,511	86	63	16	18	28
	50～79 頭	7,269	93	71	14	21	29
	80～99 頭	8,001	99	78	16	23	28
	100～149 頭	8,238	101	80	14	25	30
	150 頭～	8,665	104	83	13	27	32
	平　均	7,634	96	74	15	22	29

資料：表 4-1 に同じ。

第1部　飼料生産基盤が土地利用型酪農経営のコスト及び収益性に及ぼす影響

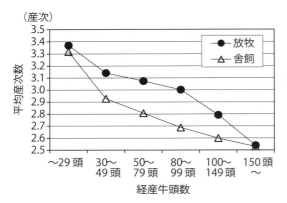

図4-1　飼養形態別にみた平均産次数
資料：釧路地域X町の農協資料（2017年）より作成。

量，生乳販売額は低いが，流通飼料費も低く，乳量1kg当りの飼料費は低い。また，経産牛1頭当りの家畜販売額は高い。

図4-1に，釧路地域X町における飼養形態別にみた平均産次数を示した。放牧経営，舎飼経営ともに，経産牛飼養頭数が多いほど，平均産次数は短くなる傾向にあるが，経産牛150頭未満の同規模では，舎飼経営に比べて，放牧経営の産次数が長い。このことが，家畜販売額の高さに結びついていると考えられる。

以上から，草地型酪農地帯における放牧経営は，経産牛80頭未満，家族労働力3人以下で繋ぎ飼い牛舎を用いる家族経営が中心であり，舎飼経営と比較して，飼料費が低い，個体販売額が高いという特徴を有することを指摘できる。

飼養形態及び搾乳機により，調査対象経営を分類し，**表4-3**，**表4-4**に概要を示した。

a1～a6経営，b1～b3経営はパイプラインミルカーで搾乳を行う放牧経営であり，うちb1～b3経営は牛床数以上の経産牛を飼養し，入替搾乳を

第4章　草地型酪農地帯における放牧経営の持続に向けた課題とフリーストール牛舎導入が牛乳生産費に及ぼす影響

表4-3　調査対象経営における労働力・施設

	No.	後継者	基幹労働力	搾乳牛舎 形態	牛床(床)	建築(年)	増築(年)	搾乳機	自動離脱装置	給餌方法	糞尿処理施設
放牧	a1	同居	経営主(62), 妻(62), 長男(34)	ST	48	1977		PL		人力	堆肥舎
	a2	未定	経営主(61), 長女(25)	ST	54	1983		PL		人力	堆肥舎
	a3	未定	経営主(46), 妻(43), 父(69)	ST	56	1979	1997	PL		人力	堆肥舎
	a4	不在	経営主(63), 妻(56)	ST	42	1981		PL		人力	堆肥舎
	a5	未定	経営主(56), 妻(44)	ST	50	1975		PL	有	機械	堆肥舎
	a6	同居	経営主(60), 妻(55), 長男(32)	ST	80	1985	2015	PL		機械	堆肥舎
	b1	未定	経営主(49), 妻(41), 母(75)	ST	40	1979		PL(入替)		人力	堆肥舎
	b2	同居	経営主(53), 長男(28)	ST	46	1970		PL(入替)		人力	堆肥舎
	b3	同居	経営主(61), 妻(57), 長男(32)	FS	45	1994		PL(入替)		機械	スラリーストア
	c1	未定	経営主(33), 妻(33)	FB	-	2010		AP		機械	堆肥舎
	c2	同居	経営主(60), 妻(54), 長男(29)	FS	70	2002		AP		機械	ラグーン
	d1	未定	経営主(43), 妻(43)	FS	72	2006		AP	搾ロボ	機械	スラリーストア
舎飼	e1	未定	経営主(38), 妻(35)	ST	50	1994		PL	有	機械	堆肥舎
	e2	未定	経営主(52), 父(80)	ST	64	1984	2005	PL	有	機械	堆肥舎
	e3	不在	経営主(53)	ST	60	1980		PL		機械	堆肥舎
	e4	未定	経営主(39), 妻(38)	ST	70	1978	2016	PL	有	機械	堆肥舎

資料：聞き取り調査(2017年)により作成。
注：1)　ST(スタンチョン), TS(タイストール), FS(フリーストール), FB(フリーバーン), PL(パイプラインミルカー), AP(アブレストパーラー)
　　2)　飼養形態及び搾乳方式により, 以下の通り分類した。a：放牧・PL, b：放牧・PL(入替), c：放牧・AP, d：放牧・AP, 搾ロボ, e：舎飼・PL
　　3)　基幹労働力の()は年齢を示す。

表4-4　調査対象経営における家畜・土地・外部委託

	No.	乳牛 経産(頭)	乳牛 育成(頭)	肉牛 繁殖(頭)	草地面積 計(ha)	草地面積 採草(ha)	草地面積 兼用(ha)	草地面積 放牧(ha)	1頭当り 草地面積(ha/頭)	1頭当り 放牧地(ha/頭)	放牧時間	滞牧日数(日/区)	放牧期間
放牧	a1	48	40	0	58	30	8	20	0.85	0.58	昼間	3	5月下旬～10月中旬
	a2	52	1	6	70	50	0	20	1.33	0.38	昼夜	1	5月下旬～10月下旬
	a3	54	35	8	70	60	0	10	0.98	0.19	昼間	定置	5月下旬～10月下旬
	a4	55	13	19	100	80	0	20	1.63	0.36	昼間	1	5月上旬～7月中旬
	a5	58	35	0	56	43	7	6	0.74	0.22	昼間	4～5	5月下旬～10月下旬
	a6	80	40	0	80	70	0	10	0.80	0.13	昼間	2	6月上旬～9月下旬
	b1	50	35	0	42	35	0	7	0.62	0.14	昼間	3	5月下旬～10月上旬
	b2	52	10	0	40	35	0	5	0.70	0.10	昼間	1	5月下旬～10月上旬
	b3	63	3	0	64	58	0	6	0.99	0.10	昼夜	3	6月下旬～7月下旬
	c1	75	45	0	86	65	0	21	0.88	0.28	昼間	1	4月下旬～11月中旬
	c2	82	90	0	90	50	20	20	0.71	0.49	昼夜	1	5月上旬～11月上旬
	d1	70	40	0	60	35	10	15	0.67	0.36	昼夜	不定	5月上旬～10月下旬
舎飼	e1	47	20	0	48	48	0	0	0.84	0.00	-	-	-
	e2	60	40	0	75	75	0	0	0.94	0.00	-	-	-
	e3	63	40	0	70	70	0	0	0.82	0.00	-	-	-
	e4	81	40	0	72	72	0	0	0.65	0.00	-	-	-

資料：聞き取り調査(2017年)により作成。
注：1)　1頭当り草地面積は成牛換算1頭当りの値である。
　　2)　放牧経営は, いずれも搾乳牛全頭の放牧を行っている。

行っている。1970〜1980年代に建てられた牛床50床程度のスタンチョン牛舎を利用し，人力による給餌を行っている経営が多い。後継者が未定（子弟は就学中）の経営が大半であり，9経営体中4経営体は基幹労働力2名の経営である。また，基幹労働力3名以上の経営についても，親世代は60歳以上であることから，近い将来に基幹労働力2名以下となることが見込まれる。うちa2〜a4経営は，繁殖肉牛を飼養しており，搾乳牛舎への投資を回避しつつ，複合化による経営規模の拡大を図っている。また，b1〜b3経営は，経産牛1頭当り放牧地面積も小さく，投資を回避しつつ，保有する施設，放牧地に対して過剰な頭数を飼養していることがうかがわれる。

一方，c1〜c2経営，d1経営は，アブレストパーラーまたはアブレストパーラーと搾乳ロボットで搾乳を行う放牧経営であり，2000年以降に建設されたフリーストール（またはフリーバーン）牛舎を利用し，機械給餌を行っている。いずれも，同居後継者がいる経営，または経営者が30〜40歳代と若い経営である。

なお，短草利用を目的として，1日で輪換を行う昼夜放牧，いわゆる「集約放牧」を行う事例は3事例（a2，c1，c2）にとどまり，大半は3〜5日で輪換を行う昼間放牧を行っている。

表4-5に飼養形態及び搾乳機別にみた農業所得を示した。放牧経営は舎飼経営や北海道平均に比べて，経産牛1頭当りの飼料費が低く，パイプラインミルカーを用いて入替搾乳を行う経営やアブレストパーラーを用いる放牧経営は，経産牛1頭当りの農業所得も高い。また，放牧経営の1人当り農業所得は，いずれの搾乳機においても，同年の製造業平均（454万円/人）を上回る。ただし，1時間当り所得では，パイプラインミルカーを用いる（入替搾乳は行っていない）放牧経営は製造業の平均（2,324円/時間）を下回る。また，アブレストパーラーと搾乳ロボットを用いる放牧経営は固定資産千円当りの農業所得が舎飼経営や北海道平均に比べて低い。なお，放牧時間や滞牧日数，放牧期間等の放牧方式による農業所得の違いは判然としない（データ省略）。

第4章　草地型酪農地帯における放牧経営の持続に向けた課題とフリーストール牛舎導入が牛乳生産費に及ぼす影響

表4-5　飼養形態・搾乳方式別にみた農業所得

	搾乳機械	経産牛1頭当り 農業粗収益 (万円/頭)	生乳 (万円/頭)	家畜 (万円/頭)	経営費 (万円/頭)	飼料費 (万円/頭)	減価償却費 (万円/頭)	農業所得 (万円/頭)	総額 農業所得 (万円)	1人当り 農業所得 (万円/人)	時間当り 農業所得 (円/時間)	固定資産千円当り 農業所得 (円)
放牧	a PL	107.6	65.7	24.8	82.9	20.5	14.3	24.7	1,499	627	2,065	696
	b PL（入替）	108.2	67.4	27.3	74.8	17.6	13.4	33.3	2,053	684	2,660	833
	c AP	124.0	71.5	32.2	86.9	18.0	17.1	37.1	2,931	1,179	4,645	699
	d AP＋搾ロボ	113.8	73.9	16.8	92.9	19.8	18.1	20.9	1,392	696	3,876	209
舎飼	e PL	97.6	71.8	16.4	77.8	23.8	12.0	19.8	1,245	622	2,334	504
北海道同規模平均		114.0	78.0	28.0	81.0	27.0	17.0	32.7	2,111	858	3,115	362

資料：青色申告決算書（2016年）及び聞き取り調査（2017年），平成28年度営農類型別経営統計により作成。
注：「家畜」には育成牛の増殖益を含む。

表4-6　飼養形態・搾乳方式別にみた労働時間

	搾乳機械	総労働時間 (時間)	基幹労働力1人当り労働時間 (時間/人)	経産牛1頭当り 計 (時間/頭)	直接労働時間 (時間/頭)	飼料の調理・給与・給水 (時間/頭)	敷料の搬入・きゅう肥の搬出 (時間/頭)	搾乳及び牛乳処理・運搬 (時間/頭)	その他 (時間/頭)	間接労働時間 (時間/頭)	自給牧草に係る労働時間 (時間/頭)
放牧	a PL	6,967	2,823	101	94	21	10	51	12	7	4
	b PL（入替）	7,922	3,083	120	112	20	13	66	13	7	4
	c AP	6,263	2,563	59	55	12	7	28	8	4	2
	d AP＋搾ロボ	3,592	1,796	32	28	5	4	16	3	5	3
舎飼	e PL	5,921	3,634	72	66	14	13	29	10	6	4
同規模平均		7,546	2,754	102	95	20	11	51	13	7	5

資料：聞き取り調査（2017年）及び平成28年度畜産物生産費統計により作成。
注：1）基幹労働力1人当り労働時間は，基幹労働力の労働時間を基幹労働力数で除した時間である。
　　2）経産牛1頭当り労働時間は，経産牛の飼養に係る労働時間を経産牛頭数で除した時間である。

表4-6に，飼養形態及び搾乳機別にみた労働時間を示した。基幹労働力1人当りの労働時間は，アブレストパーラーと搾乳ロボットを導入する放牧経営を除いて，いずれも製造業平均（1,954時間/人）を上回る。

経産牛1頭当りの労働時間は飼養形態による違いよりも，搾乳機による違

81

いが大きい。搾乳部門における労働時間の約半分は搾乳作業が占めていることから，パイプラインミルカーを用いて，特に入替搾乳を行う放牧経営において，労働時間が長い。パイプラインミルカーを用いる放牧経営が，舎飼経営に比べて搾乳時間が長い理由としては，放牧の場合，搾乳の度に搾乳牛を繋ぐ作業が発生すること，自動離脱装置の導入率が低いことを指摘できる。また，パイプラインミルカーを用いる放牧経営は，牛舎内で人力による給餌を行う経営が多いことから，飼料給与に係る労働時間が長い。一方，アブレストパーラー，アブレストパーラーと搾乳ロボットを導入する放牧経営は，搾乳時間，飼料給与時間がパイプラインミルカーを用いる放牧経営に比べて大幅に短いことから，経産牛1頭当り労働時間が短く，総労働時間でも下回る。敷料の搬入・きゅう肥の搬出に係る労働時間については，放牧経営は放牧期の除糞作業が少ないことから，舎飼経営に比べて短い。

以上の通り，パイプラインミルカーを用いる放牧経営は，農業所得の水準では他産業を上回る水準を実現しているが，労働時間でも他産業を遙かに上回る水準となっており，特に，入替搾乳を行う放牧経営において顕著である。放牧経営は，舎飼経営に比べて，除糞作業は省力的であるが，労働時間の大部分を占める搾乳作業，飼料給与作業については飼養形態よりも，施設・機械装備による違いが大きく，総労働時間でみると必ずしも省力的となっていない。

これに対し，アブレストパーラー，アブレストパーラーと搾乳ロボットを導入する放牧経営では，特に，労働時間に占める比率が最も大きい搾乳時間が，パイプラインミルカーを用いる放牧経営に比べて大幅に短く，他産業平均を大きく上回る1時間当り所得を実現していることから，より持続性が高い経営であると考えられる。

第3節　フリーストール牛舎導入が放牧方式及び牛乳生産費に及ぼす影響

フリーストール牛舎の導入は多額の投資を要することから規模の拡大が不可欠とされ，相対的に飼養頭数規模が小さい放牧経営ではあまり行われてこ

なかった。また，フリーストール牛舎導入に伴う飼養頭数規模の拡大は，経産牛飼養頭数に対する放牧地面積の不足，転牧（牧区間の移動）に係る労働時間の増加といった問題を引き起こし，従来の方式での放牧の継続を難しくする[注3]。

これらの問題の解決手段として，必要となる放牧地面積や労働力の少ない粗放的な放牧方式の採用が考えられる[注4]。一方で，粗放的な放牧を採用することにより放牧のメリットが低下あるいは消失することが懸念される。

これまで，放牧経営における牛乳生産費を明らかにした知見としては，牛乳生産費個票の組替集計により舎飼経営と比較した放牧経営の特徴を明らかにした杉戸（2014）の報告が挙げられるが，経産牛80頭未満の中小規模経営を対象としており，また，牛舎形態や放牧方式による比較は行われていない。さらに，放牧が牛乳生産費に及ぼす影響を明らかにするためには，舎飼経営との比較だけでなく，同一経営における放牧期と舎飼期の比較を行う必要がある。

そこで，本節では草地型酪農地帯における放牧経営を対象とした実態調査に基づき，フリーストール牛舎導入による放牧方式の変化，及び，牛舎形態，放牧方式，時期（放牧期，舎飼期）の違いが牛乳生産費に及ぼす影響を明らかにし，フリーストール牛舎導入による省力化と放牧によるコスト低減両立の可能性について考察する。

調査対象は，草地型酪農地帯（根室地域，釧路地域，天北地域）におけるフリーストール牛舎を導入する放牧経営9経営体と，同じく草地型酪農地帯における同規模の繋ぎ飼い牛舎を用いる放牧経営3経営体とし，牛舎形態及び放牧方式によって分類した。放牧方式については北海道農政部（2009）に基づき，小牧区放牧：滞牧日数概ね1日，中牧区放牧：滞牧日数概ね3日，大牧区放牧：滞牧日数4日以上，日中放牧：放牧時間6時間程度，昼夜放牧：放牧時間17時間程度とした。滞牧日数（転牧間隔）が短い放牧方式ほど，短草・高栄養な放牧草の採食量及び放牧依存度を高めやすい一方，転牧に要する労力が多いとされる。

第1部　飼料生産基盤が土地利用型酪農経営のコスト及び収益性に及ぼす影響

表4-7　調査対象経営の概要

牛舎形態	放牧方式	戸数(戸)	基幹労働力(人)	経産牛飼養頭数(頭)	草地 成牛換算1頭当り草地面積(ha/頭)	草地 経産牛1頭当り放牧地(ha/頭)	草地 うち、専用地(ha/頭)	搾乳牛舎 形態	搾乳牛舎 牛床(床)	主な搾乳機 種類	主な搾乳機 ユニット数
FS	大牧区・日中	3	2.7	88	0.79	0.19	0.10	FS	80	AP	6
FS	中牧区・昼夜	3	2.7	93	0.65	0.32	0.18	FS	102	HP	6W
FS	小牧区・昼夜	3	3.7	76	0.98	0.35	0.24	FS	95	AP	8
繋ぎ	小牧区・日中	3	3.0	83	0.87	0.39	0.20	ST	82	PL	6

資料：聞き取り調査（2018年）により作成。
注：1）夏季に搾乳牛の放牧を行っている経営を対象とした。
　　2）FS（フリーストール），ST（スタンチョン），AP（アブレストパーラー），HP（ヘリンボーンパーラー），PL（パイプラインミルカー）。

　まず，フリーストール牛舎の導入に伴う放牧方式の変化について整理する。次に，牛舎形態（フリーストール，繋ぎ飼い），放牧方式（小牧区・昼夜放牧，中牧区・昼夜放牧，大牧区・日中放牧），時期（放牧期，舎飼期）間で投入・産出及び全算入生産費[注5]を比較する。

　表4-7に，調査対象経営の概要を示した。フリーストール牛舎を導入する放牧経営は，基幹労働力2～3名程度で経産牛70～100頭程度を飼養し，平均頭数は北海道における放牧経営の平均値（55.1頭/戸）を上回る。1経営体を除いて，あわせてミルキングパーラーを導入している。搾乳牛舎の牛床は80～100床程度と一般的なフリーストール牛舎に比べて小さく，かつ，約半数の経営において牛床充足率が100％を超える[注6]とともに，安価なアブレストパーラー[注7]を用いている経営が多く，施設投資の抑制が図られていることがうかがわれる。うち，中牧区・昼夜放牧や大牧区・日中放牧を採用する経営は小牧区・昼夜放牧を採用する経営に比べ，経産牛飼養頭数が多い，労働力，経産牛1頭当り放牧地面積が少ないといった特徴がみられる。

　表4-8にフリーストール牛舎の導入に伴う放牧方式の変化を示した。フリーストール牛舎の導入に伴い，飼養頭数規模拡大，滞牧日数の延長（小牧

第4章　草地型酪農地帯における放牧経営の持続に向けた課題とフリーストール牛舎導入が牛乳生産費に及ぼす影響

表4-8　フリーストール牛舎導入に伴う放牧方式の変化

牛舎形態	放牧方式	No.	導入前 経産牛飼養頭数（頭）	導入前 放牧時間	導入前 滞牧日数（日/区）	導入前 飼料給与方式	導入後 経産牛飼養頭数（頭）	導入後 放牧時間	導入後 滞牧日数（日/区）	導入後 飼料給与方式
FS	大牧区・日中	1	60	昼夜	7	分離	109	日中	-	PMR
FS	大牧区・日中	2	40	昼夜	1	分離	75	日中	(7)	TMR
FS	大牧区・日中	3	55	昼夜	1	分離	79	日中	(7)	TMR
FS	中牧区・昼夜	4	60	昼夜	1	分離	105	昼夜	3	PMR
FS	中牧区・昼夜	5	50	昼夜	1	分離	98	昼夜	3	PMR
FS	中牧区・昼夜	6	52	昼夜	3	分離	70	昼夜	3	PMR
FS	小牧区・昼夜	7	44	昼夜	1	分離	82	昼夜	1	分離
FS	小牧区・昼夜	8	54	昼夜	1	分離	75	昼夜	1	PMR
FS	小牧区・昼夜	9	60	昼夜	1	分離	90	昼夜	1	分離

資料：聞き取り調査（2018年）により作成。
注：1）FS（フリーストール）
　　2）大牧区方式の放牧経営は，兼用地利用開始前は定置放牧を行っている。（　）は兼用地利用開始後の滞牧日数を示す。
　　3）調査対象経営における放牧牛は全て1群である。

区・昼夜放牧から中牧区・昼夜放牧または大牧区・日中放牧への移行），分離給与からTMR[注8]またはPMR給与[注9]への移行がみられる[注10]。中牧区・昼夜放牧または大牧区・日中放牧を採用する経営は，相対的に労働力，放牧地面積が少ない中で，飼養頭数規模拡大に伴い，経産牛1頭当り放牧地面積縮小への対応と放牧地管理の省力化のため，放牧依存度を下げつつ小牧区放牧から中牧区放牧または大牧区放牧に変更している。さらに，大牧区放牧を採用する経営は，放牧地面積が限られる中で舎内におけるTMRの摂取量を高めるため，昼夜放牧から日中放牧に変更している。

　表4-9に牛舎形態及び放牧方式別にみた経産牛1頭当り労働時間を示した。フリーストール牛舎を導入する放牧経営における経産牛1頭当り労働時間は，繋ぎ飼い牛舎を用いる放牧経営に比べて2～4割程度短く，中牧区・昼夜放牧を採用する経営において最も短い。労働時間の差は，飼料給与，除糞，搾乳に要する時間の差による。うち，大牧区・日中放牧を採用する経営の経産牛1頭当り労働時間は，小・中牧区・昼夜放牧を採用する経営に比べて長い。

第1部　飼料生産基盤が土地利用型酪農経営のコスト及び収益性に及ぼす影響

表 4-9　牛舎形態及び放牧方式別にみた経産牛1頭当り労働時間

牛舎形態	放牧方式	計（時間/頭）	直接労働時間（時間/頭）	飼料の調理・給与・給水（時間/頭）	敷料の搬入・きゅう肥の搬出（時間/頭）	搾乳及び牛乳処理・運搬（時間/頭）	その他（時間/頭）	間接労働時間（時間/頭）	自給牧草に係る労働時間（時間/頭）
FS	大牧区・日中	78.0	71.7	6.6	5.8	45.4	14.0	6.3	4.2
FS	中牧区・昼夜	53.6	50.1	5.2	4.4	35.0	5.5	3.6	1.8
FS	小牧区・昼夜	60.3	53.8	9.0	7.5	29.1	8.3	6.5	4.5
繋ぎ	小牧区・日中	93.6	84.1	21.6	8.7	40.7	13.1	9.5	7.6
草地型酪農経営平均		106.5	98.9	21.1	11.5	52.8	13.5	7.6	5.6

資料：聞き取り調査（2018年）により作成。
注：1）FS（フリーストール）
　　2）「草地型酪農経営平均」の値は農林水産省「農業経営統計調査（平成29年度牛乳生産費）」の調査票情報を独自集計したものである。耕地面積に占める牧草作付面積割合80%以上の経営（n=129）を草地型酪農経営とした。

大牧区・日中放牧を採用する放牧経営は，牛舎内での飼養時間が長いことと搾乳量が多いことによる影響が考えられる。

　表4-10に牛舎形態及び放牧方式別にみた投入・産出を示した。フリーストール牛舎を導入する放牧経営では放牧方式によらず放牧期は舎飼期に比べて飼料効果（濃厚飼料1kg当り乳量）は高く[注11]，死廃率は低く[注12]，労働時間は短い。うち，中牧区・昼夜放牧を採用する経営は，小牧区・昼夜放牧を採用する経営に比べ必要放牧地面積[注13]が少なく，経産牛1頭当り労働時間も短い。大牧区・日中放牧を採用する経営は，中牧区・昼夜放牧を採用する経営に比べさらに必要放牧地面積が少ないが，死廃率は高い。また，経産牛1頭当り労働時間も長い。

　表4-11に牛舎形態及び放牧方式別にみた経産牛1頭当り牛乳生産費を示した。フリーストール牛舎を導入する放牧経営における実搾乳量100kg当り

第4章　草地型酪農地帯における放牧経営の持続に向けた課題とフリーストール牛舎導入が牛乳生産費に及ぼす影響

表4-10　牛舎形態及び放牧方式別にみた投入・産出

牛舎形態	放牧方式	時期	濃厚飼料給与量 (kg/頭・日)	経産牛1頭当り乳量 (kg/頭・日)	飼料効果	放牧依存度 (%)	必要放牧地面積 (ha/頭)	除籍牛率 (%)	うち死廃 (%)	経産牛1頭当り労働時間 (時間/頭)
FS	大牧区・日中	舎飼期	11.3	28.6	2.5	-	-	33.5	16.5	78.8
		放牧期	9.7	28.9	3.0	35	0.14	22.7	5.7	76.7
	中牧区・昼夜	舎飼期	9.2	24.7	2.7	-	-	24.6	10.2	54.4
		放牧期	7.5	26.1	3.5	45	0.19	17.4	6.3	52.9
	小牧区・昼夜	舎飼期	8.1	24.1	3.0	-	-	28.3	10.8	63.9
		放牧期	6.7	24.5	3.6	47	0.22	18.2	2.6	57.1
繋ぎ	小牧区・日中	舎飼期	7.3	22.1	3.0	-	-	22.0	4.6	94.3
		放牧期	6.7	26.1	3.9	40	0.18	20.5	5.2	92.5

資料：聞き取り調査（2018年），取引伝票（2017年），生物台帳（2017年）により作成。
注：1）FS（フリーストール）
　　2）放牧期における必要TDNから濃厚飼料及びサイレージから摂取されるTDNを差し引いた値を放牧草から摂取したTDNとし，放牧依存度を求めた。
　　3）必要放牧地面積は放牧草から摂取するTDNを生産するために必要となる放牧地面積を示す。北海道農政部（1998）に基づき，放牧草から摂取したTDNを面積当りTDN生産量で除すことによって算出した。
　　4）飼料効果＝実搾乳量÷濃厚飼料給与量。

表4-11　牛舎形態及び放牧方式別にみた牛乳生産費

（単位：kg/頭，千円/頭，円/100kg）

牛舎形態	放牧方式	実搾乳量	物財費	流通飼料費	牧草・採草・放牧費	乳牛償却費	農機具・建物・自動車費	その他物財費	労働費	副産物価額	全算入生産費	実搾乳量100kg当り全算入生産費
FS	大牧区・日中	8,861	751	280	107	158	75	132	135	160	754	8,554
	中牧区・昼夜	7,723	633	208	126	129	53	117	93	165	590	7,629
	小牧区・昼夜	7,415	622	188	111	123	69	131	105	157	597	8,061
繋ぎ	小牧区・日中	7,301	631	169	101	136	79	147	162	173	654	8,945
草地型酪農経営平均		7,896	620	200	120	145	56	99	182	187	672	8,621

資料：取引伝票（2017年），固定資産台帳（2017年），生物台帳（2017年），聞き取り調査（2018年）により算出した。
注：1）FS（フリーストール）
　　2）草地型酪農経営平均については表4-9に同じ。

第1部　飼料生産基盤が土地利用型酪農経営のコスト及び収益性に及ぼす影響

表 4-12　時期別にみた実搾乳量 100kg 当り牛乳生産費

(単位：円/100kg)

牛舎形態	放牧方式	時期	物財費	流通飼料費	牧草・採草・放牧費	乳牛償却費	農機具・建物・自動車費	その他物財費	労働費	副産物価額	全算入生産費
FS	大牧区・日中	舎飼期	8,724	3,382	1,159	1,825	832	1,526	1,512	1,786	8,973
		放牧期	8,206	2,967	1,273	1,626	827	1,511	1,450	1,771	8,405
	中牧区・昼夜	舎飼期	8,430	2,846	1,536	1,776	710	1,562	1,257	2,195	8,085
		放牧期	7,842	2,360	1,749	1,593	669	1,471	1,144	2,073	7,473
	小牧区・昼夜	舎飼期	8,985	2,776	1,589	1,852	957	1,811	1,497	2,161	8,942
		放牧期	7,903	2,313	1,406	1,491	927	1,766	1,314	2,110	7,708
繋ぎ	小牧区・日中	舎飼期	9,186	2,470	1,308	2,041	1,188	2,180	2,436	2,594	9,842
		放牧期	7,958	1,859	1,458	1,797	998	1,846	2,018	2,186	8,478

資料：取引伝票（2017年），固定資産台帳（2017年），生物台帳（2017年），聞き取り調査（2018）年により作成。
注：1）FS（フリーストール）
　　2）時期別の経産牛1頭当り牛乳生産費を算出し，時期別の経産牛1頭当り実搾乳量で除すことによって，時期別の実搾乳量100kg当り牛乳生産費を算出した。ただし，実搾乳量，経産牛1頭当り流通飼料費，牧草・採草・放牧費，乳牛償却費以外は時期による差がないものとした。

　全算入生産費は，草地型酪農経営の平均値及び繋ぎ飼い牛舎を用いる放牧経営に比べ低い。その差は主に労働費，実搾乳量の違いに起因する。なお，上述の通り施設投資の抑制が図られていることから，農機具・建物・自動車費の差は判然としない。

　フリーストール牛舎を導入する放牧経営の中では，中牧区・昼夜放牧を採用する経営の全算入生産費が最も低い。小牧区・昼夜放牧との差は主に労働費，実搾乳量の違いに，大牧区・日中放牧との差は主に流通飼料費，乳牛償却費，労働費に起因する。

　表4-12に時期別の実搾乳量100kg当り牛乳生産費を示した。放牧方式によらず，放牧期における実搾乳量100kg当り全算入生産費は舎飼期に比べて低い。ただし，その差は小牧区・昼夜放牧，中牧区・昼夜放牧，大牧区・日中放牧の順に小さくなる。

第4章　草地型酪農地帯における放牧経営の持続に向けた課題とフリーストール牛舎導入が牛乳生産費に及ぼす影響

第4節　小括

　北海道の草地型酪農地帯は，傾斜地やとうもろこしの栽培が困難な地域が多く，今後も放牧経営は生乳生産の一翼を担うと考えられる。放牧経営は，舎飼経営に比べて，流通飼料費が低い，平均産次数が長く，家畜販売額が高い等の優位性が確認される。

　一方で，放牧経営の過半を占める繋ぎ飼い牛舎・パイプラインミルカーを用いる酪農経営の労働時間は，他産業を遙かに上回る水準となっている。これらの経営では，生乳や子畜価格等の交易条件が改善しても，生乳生産の重要な基盤である牛舎・搾乳機械に対して投資を控えている状況が見受けられ，特に，後継者の就農が不確実な経営において顕著である。このことが過重労働を引き起こしており，農家子弟あるいは新規参入者の就農を妨げる要因になることが懸念される。

　これに対し，フリーストール牛舎・ミルキングパーラーを導入することで，省力化を図ることが有効であると考えられる。労働時間の大半は搾乳及び飼料給与によって占められていることから，牧草生産作業や哺育・育成の外部化による省力化には限界があり，施設投資は不可欠であると考えられる。フリーストール牛舎・ミルキングパーラーの導入は，多額の投資を要することから規模の拡大が不可欠とされ，相対的に飼養頭数規模が小さい放牧経営ではあまり行われてこなかった。しかし，調査対象経営においては，一般的なフリーストール牛舎よりも小規模な牛床70床程度のフリーストール（またはフリーバーン）牛舎とアブレストパーラーを用いることで投資額を抑えつつ[注14]，放牧を組み合わせることで省力化が図られており，放牧経営の持続化に向けてさらなる普及が望まれる。ただしフリーストール牛舎・ミルキングパーラーを導入する放牧経営は，いまだ事例が少なく[注15]，放牧方式も多様である。

　そこで，フリーストール牛舎導入による放牧方式の変化，及び，牛舎形態，放牧方式，時期（放牧期，舎飼期）の違いが牛乳生産費に及ぼす影響を明ら

かにし，フリーストール牛舎導入による省力化と放牧によるコスト低減両立の可能性について考察した。

フリーストール牛舎を導入する放牧経営の実態調査から，次の諸点を指摘できる。

第一に，中牧区・昼夜放牧あるいは大牧区・日中放牧を採用する経営は，相対的に労働力，放牧地面積が少ない中で，飼養頭数規模の拡大に伴う経産牛1頭当り放牧地面積縮小への対応や放牧地管理の省力化等のため，必要となる放牧地面積や労働力の少ない粗放的な放牧方式を採用している。

第二に，フリーストール牛舎を導入する放牧経営におけるコストは，主に労働費，実搾乳量の差に起因し，繋ぎ飼い牛舎を用いる放牧経営に比べ低い。なかでも，流通飼料費，乳牛償却費，労働費，実搾乳量の差に起因し，中牧区・昼夜放牧を採用する放牧経営において最も低い。

第三に，粗放的な中牧区・昼夜放牧あるいは大牧区・日中放牧を採用する経営においても，放牧期におけるコストは舎飼期に比べて低いことから，仮に同一経営が通年舎飼を行った場合に比べて，低コストになると考えられ，放牧のメリットが確認される。

以上から，労働力，放牧地面積が限られる下でも，粗放的な中牧区・昼夜放牧を採用することで，フリーストール牛舎導入による省力化と放牧によるコスト低減は両立しうると考えられる。

注1）花田（2003）大久保（2002），杉戸（2015），辻井（2005）。
注2）荒木（2000），荒木（2012），須藤（1999），杉戸（2014）吉野（2006）等。ただし，杉戸（2015）も指摘するように，これらの知見は集約放牧の研究会等に参加する先進的な事例の調査に基づいていることに留意する必要がある。
注3）荒木（1999）は放牧が減少している理由として，「放牧する土地がない」，「畜舎周辺に土地がない」といった農地問題，「牛の移動・繋ぎ等に手間がかかる」といった労働力問題を挙げている。また，湯藤（2003）は放牧には牛舎周辺にまとまった草地が必要であるが，飼養頭数規模拡大に

注４）中辻（2021）は，1985年以降，土地生産性の高い集約（小牧区）放牧が普及したが，作業負担が大きいことから，近年，転牧に要する労力が少ない定置（大牧区）放牧が改めて注目されているとする。

注５）牛舎形態による固定資本，労働時間の違い，放牧方式による飼料給与，除籍牛率，農地面積の違いを評価するため，地代・利子を含む全算入生産費を指標とした。

注６）これらの経営は，増頭に伴う投資抑制のため牛床数以上の経産牛を飼養しているが，放牧期は出入り自由としていることから牛床が不足しても問題ないと判断している。

注７）アブレストパーラーは，他の型式のパーラーに比べて搾乳能率は劣るが，牛舎の一部を改造することで設置可能なことから導入費用が安い。

注８）total mixed ration（完全混合飼料）。選び食いできないように，濃厚飼料，粗飼料，ミネラル，その他添加剤等全てを混合した飼料。調査対象経営はいずれもTMRを外部から購入するのではなく，自ら製造している。

注９）partial mixed ration（部分混合飼料）。TMRから濃厚飼料の配合割合を減らしたもので，不足した濃厚飼料を個体別に給与する飼料給与方法。セミタイプTMRとも呼ばれ，他の飼料との併給を前提としている。

注10）なお，比較対照とした繋ぎ飼い牛舎を用いる放牧経営３経営体のうち，１経営体は老朽化した牛舎の更新に際するフリーストール牛舎導入を検討している。一方，残りの２経営体はTMR給与・一群管理への対応に対する懸念からフリーストール牛舎を導入していない。これに対し，調査対象経営はPMR給与を行い，個体管理を行うとともに，混合飼料メニューを放牧地の状況等に応じて調整している。

注11）ただし，放牧期と舎飼期の差には季節の影響も含まれることに留意する必要がある。一般に，経産牛１頭当り乳量は夏から秋にかけて少なく，冬から春にかけて多くなる傾向がある。一方，季節による除籍牛率の違いに関する定まった知見はない。

注12）高橋ら（2005）は，放牧経営では放牧を行わない経営に比べて消化器系，繁殖関係，運動機器系の疾病が少ないことを明らかにし，その要因として乳牛の蹄が乾燥し，清潔であること，ストレスが軽減されていること

第1部　飼料生産基盤が土地利用型酪農経営のコスト及び収益性に及ぼす影響

を指摘している。
注13）放牧草から摂取するTDNを生産するために必要となる放牧地面積。
注14）北海道農政部資料（2013年）によると，フリーストール牛舎を導入している酪農経営の7割は経産牛80頭以上の経営である。また，パーラーを導入する経営のうち，アブレストパーラーを採用する経営は2割にとどまる。アブレストパーラーは，他の形式のパーラーに比べて，作業性は劣るが，最も安価であるとされる。
注15）北海道農政部資料（2013年）によると，北海道においてフリーストール牛舎・ミルキングパーラーを導入する酪農経営1,559戸のうち，212戸で放牧を実施している。

第5章　草地型酪農地帯の酪農経営における和牛繁殖部門の経済性

第1節　課題

「酪農及び肉用牛生産の近代化を図るための基本方針」（農林水産省，2020年）では，規模の大小を問わず持続的な経営を実現することが必要であるとしている。

新山（2017）は，農業経営の持続条件は，最も稀少な要素である後継者を確保することであり，そのためには少なくとも他産業の平均賃金水準に匹敵する農業所得を獲得する必要があるとしている。加えて，荒木（2007）は，特に酪農における農家子弟が就農する上での課題として労働時間の長さを指摘しており，他産業並の労働時間，時間当り所得を実現することも重要であると考えられる。

酪農経営における作業の省力化，労働生産性向上に向けては，第8次北海道酪農・肉用牛生産近代化計画（北海道，2021年）では，搾乳ロボットや自動給餌機等の省力技術導入を支援するとしているが，これらの導入は牛舎の建て替えを伴う場合が多く，建築単価が高騰している今日においては多額の投資を要することから，導入が可能な経営は限られると考えられる[注1]。

これに対し，必要投資額が少なく，省力的な部門として，和牛繁殖部門が期待される。山口ら（1999）は酪肉複合経営の形成要因として，労働強度が小さく，女性や高齢者でも十分対応できること，新たな施設投資を必要としないことを指摘している。また，大呂（2014）は肉用牛繁殖部門を導入する高資本経営の労働生産性，資本生産性は，畑作や酪農を上回りうるとして

いる[注2]。

　和牛繁殖部門は，酪農部門の機械，施設，草地といった余剰資源を活用でき，また，搾乳作業がないことから，少ない投資，労働時間で高所得を実現しうると考えられる。また，上述の「酪農及び肉用牛生産の近代化を図るための基本方針」では，肉牛生産振興の面からも，肉用牛経営・酪農経営の連携の下で行う，繁殖雌牛の増産を推進するとしている。

　これまで，和牛繁殖部門の経済性に関する知見としては専業経営を対象とした千田（2016），耕種経営における肉用子牛生産を対象とした鵜川（1995）等があるが，酪農経営における和牛の繁殖雌牛（以下，繁殖和牛）導入の経済性を算出した知見は見当たらない。酪農経営における和牛繁殖部門は機械や施設，草地などを共用できることから，耕種経営における和牛繁殖部門とは経済性が異なると考えられる。また，近年，需要の高まりに伴う子牛価格の向上により，和牛繁殖部門の経済性は大きく変化している。さらに，従来の肥育素牛（以下，素牛）（10ヶ月齢未満）での出荷に加えて，飼養期間が短く，より必要投資額の少ない初生（2ヶ月齢未満）での出荷も増加している。

　そこで，本章では草地型酪農地帯における酪農経営を対象として，和牛繁殖部門の経済性を明らかにし，導入局面について考察する。

　調査対象は，釧路地域における和牛繁殖部門を導入している酪農経営8経営体（初生出荷4経営体，素牛出荷4経営体）とする。

　まず，釧路地域における和牛繁殖部門を導入している酪農経営の特徴と導入目的を整理する。

　次に，和牛繁殖部門の労働時間，生産費を明らかにし，北海道平均と比較することで，酪農経営における和牛繁殖部門の経済性の特徴を明らかにする。

　最後に，和牛繁殖部門の労働生産性，資本生産性を算出し，搾乳部門と比較することで，酪農経営における和牛繁殖部門導入の経済性を明らかにし，導入局面を考察する。

第2節　酪農経営における和牛繁殖部門の導入目的

　表5-1に，釧路地域における繁殖和牛を飼養する酪農経営の概要を示した。繁殖和牛を飼養する酪農経営は釧路地域における酪農経営の約1割を占め，その過半数は経産牛80頭未満の中小規模経営である。繁殖和牛を飼養していない酪農経営と比べると，経営主年齢や家族労働力数，経産牛1頭当り乳量に差異はないが，経営耕地面積がやや多い，フリーストール導入率が低いという特徴がみられる。

　表5-2に調査対象経営の概要を示した。和牛を初生で出荷する酪農経営（以下，初生出荷経営）は基幹労働力2名（単世代）の経営が多く，素牛で出荷する酪農経営（以下，素牛出荷経営）は基幹労働力3～4名（二世代）の経営が多い。搾乳牛舎については，1960～80年代に建てられたスタンチョン牛舎を使用している経営が多い。

表5-1　釧路地域における繁殖和牛を飼養する酪農経営の概要

繁殖和牛飼養	経産牛（乳牛）飼養頭数	経営体数（経営体）	経営主年齢（歳）	家族労働力（人）	経営耕地面積（ha）	フリーストール導入率（%）	個体乳量（kg/頭）	繁殖和牛飼養頭数（頭）
有り	～29頭	6	56.5	1.8	49.7	0.0	6,594	15.3
	30～49頭	19	53.3	2.6	67.8	0.0	6,969	15.8
	50～79頭	25	51.6	3.1	72.4	16.0	7,753	9.5
	80～99頭	13	53.5	3.6	78.9	7.7	8,019	34.7
	100頭～	23	52.9	3.9	128.0	60.9	8,624	15.2
	計	86	52.8	3.2	85.4	22.1	7,795	16.6
無し	～29頭	37	60.8	2.2	44.1	8.1	7,155	-
	30～49頭	147	56.4	2.6	53.1	2.7	7,250	-
	50～79頭	212	52.6	2.9	68.1	22.2	7,701	-
	80～99頭	83	54.4	3.2	76.5	44.6	7,982	-
	100頭～	156	53.0	4.0	119.0	78.8	8,568	-
	計	635	54.4	3.1	76.5	33.7	7,814	-
	計	721	54.2	3.1	77.5	32.3	7,812	16.6

資料：釧路地域6農協の資料（2018年）より作成。

表5-2 調査対象経営の概要

	No.	経営主年齢(歳)	労働力 基幹(人)	労働力 補助(人)	飼養頭数 乳牛経産(頭)	飼養頭数 繁殖和牛(頭)	草地面積(ha)	飼養形態 乳牛経産	飼養形態 和牛繁殖	搾乳牛舎 主な形態	搾乳牛舎 建築年次(年)	搾乳牛舎 主な和牛牛舎形態	主な牧草収穫形態
初生出荷	1	41	2	1	47	7	55	舎飼	舎飼	ST	1965	D型	ロール
	2	63	2	0	55	19	100	放牧	舎飼	ST	1983	D型	ロール
	3	35	2	1	65	9	68	舎飼	放牧	ST	1995	FB	細切り,ロール
	4	37	3	1	75	10	65	放牧	舎飼	TS	1967	D型	ロール
素牛出荷	5	38	4	0	64	7	104	放牧	舎飼	ST	1984	FB	ロール
	6	42	3	1	85	10	77	放牧	舎飼	TS	2007	FB	ロール
	7	69	4	0	88	32	60	舎飼	舎飼	ST	1967	FB	ロール
	8	34	3	1	90	35	135	放牧	舎飼	ST	1984	FB	細切り,ロール

資料：聞き取り調査（2019年）により作成。
注：ST（スタンチョン），TS（タイストール），FB（フリーバーン）。

表5-3 部門別労働配置

	No.	乳牛 搾乳牛	乳牛 育成牛	乳牛 哺育牛	和牛 繁殖牛	和牛 育成牛	和牛 哺育牛
初生出荷	1	経営主,妻	経営主	経営主,妻	経営主,妻	経営主	妻
	2	経営主,妻	-	経営主	経営主	-	経営主
	3	経営主	経営主	妻,父	妻,父	妻,父	妻,父
	4	経営主,妻,父	父,母	父,母	父	父	父
素牛出荷	5	経営主,妻	父	妻	父,母	父	母
	6	経営主,妻、母	父	父	父	父	父
	7	経営主,妻,従業員	経営主,従業員	妻	経営主	経営主	妻
	8	経営主,兄	経営主,父,母	父,母	父	父	父

資料：聞き取り調査（2019年）により作成。

　表5-3に部門別労働配置を示した。特に素牛出荷経営では，和牛飼養は父母の担当となっている場合が多い。

　表5-4に和牛牛舎の概要を示した。初生出荷経営は繁殖牛牛舎を簡易なD型とし（取得額平均280万円），哺育牛舎を乳牛と共用することで，投資負担の軽減を図っている場合が多い。一方，素牛出荷経営は育成牛を月齢別に管理するために，新たにフリーバーン牛舎を建設する場合が多い（取得額平均

第 5 章　草地型酪農地帯の酪農経営における和牛繁殖部門の経済性

表 5-4　和牛牛舎

	No.	繁殖牛	哺育牛	育成牛
初生出荷	1	D 型	FB（乳牛育成牛舎兼用）	-
	2	D 型	ST（搾乳牛舎）	-
	3	FB（乾乳牛舎兼用）	FB（乳牛哺育牛舎兼用）	-
	4	D 型	D 型	-
素牛出荷	5	D 型	FB	FB
	6	FS（乾乳牛舎兼用）	FB（乳牛育成牛舎兼用）	FB（乳牛育成牛舎兼用）
	7	D 型	FB	FB
	8	FB	FS（乳牛育成牛舎兼用）	FB

資料：聞き取り調査（2019 年）により作成。
注：FS（フリーストール），FB（フリーバーン）。

表 5-5　和牛繁殖部門の選択理由

	No.	導入年	和牛繁殖部門導入の選択理由
初生出荷	1	2011	牛舎の制約から，乳牛の増頭が困難であったため
	2	1998	余剰 2 番草の活用と牛舎，労働力の制約から乳牛の拡大が困難であったため
	3	2014	親のリタイアに伴う家族労働力減少に対応するため
	4	2000	将来的な高齢化に備えて，省力化を図るため
素牛出荷	5	1998	経営移譲時に親の就労機会創出のため
	6	2007	放牧草地の不足から，乳牛の増頭が困難だったため
	7	2002	将来的な高齢化に備えて，省力化を図るため
	8	2005	余剰草地の活用，価格変動リスクの分散と肉免による節税のため

資料：聞き取り調査（2019 年）により作成。

1,129 万円）。

表 5-5 に和牛繁殖部門の選択理由を示した。いずれも，限られた労働力・施設の下での所得拡大，草地の活用，価格変動リスクの分散を目的として和牛繁殖部門を導入している。

第 3 節　酪農経営における和牛繁殖部門導入の経済性

表 5-6 に子牛 1 頭当り労働時間（繁殖牛の飼養に係る労働時間を含む）を示した。初生出荷経営では 100.7 時間/頭，素牛出荷経営では 59.8 時間/頭であり，後者は北海道平均を下回る。素牛出荷経営は初生出荷経営に比べて，子

97

第 1 部　飼料生産基盤が土地利用型酪農経営のコスト及び収益性に及ぼす影響

表 5-6　子牛 1 頭当り労働時間

	計	直接労働時間	飼料の調理・給与・給水	敷料の搬入・きゅう肥の搬出	その他	間接労働時間	自給牧草に係る労働時間
	(時間/頭)	(時間/頭)	(時間/頭)	(時間/頭)	(時間/頭)	(時間/頭)	(時間/頭)
初生出荷	100.7	96.2	65.2	11.4	19.6	4.5	0.3
素牛出荷	59.8	56.9	34.1	9.0	13.7	3.0	0.2
北海道平均	88.6	80.1	43.8	21.2	15.1	8.5	6.7

資料：聞き取り調査（2019 年）により作成。
注：「北海道平均」の値は平成 30 年度畜産物生産費統計の値である。

表 5-7　子牛生産費

	繁殖雌牛頭数	子牛出荷頭数	分娩間隔	子牛事故率	子牛1頭当たり 物財費	流通飼料費	牧草・採草・放牧費	繁殖雌牛償却費	農機具・建物・自動車費	労働費	全算入生産費
	(頭)	(頭)	(日)	(%)	(千円/頭)	(千円/頭)	(千円/頭)	(千円/頭)	(千円/頭)	(千円/頭)	(千円/頭)
初生出荷	11	8	457	0	303	23	64	66	52	195	534
素牛出荷	21	18	428	2	368	80	69	68	72	121	531
北海道平均	37	28	413	7	473	145	92	68	61	156	721

資料：取引伝票（2018 年），固定資産台帳（2018 年），生物台帳（2018 年），聞き取り調査（2019 年）により算出した。ただし，北海道平均の値は「北海道酪農畜産協会資料（2018 年）」，「北海道農業共済組合連合会事業統計（2018 年）」，平成 30 年度畜産物生産費統計から引用した。

牛の飼養期間は長いが，飼養頭数規模が大きく，分娩間隔が短いことから[注3]，子牛 1 頭当り労働時間は短い。また，素牛出荷経営における子牛 1 頭当り労働時間が北海道平均を下回る理由として，乳牛と和牛の哺育・育成牛に係る飼料の調理・給与やきゅう肥の搬出，牧草生産が同一の担当者によって一連の作業として実施されることで準備を含めた労働時間が肉用牛繁殖単一経営より短い水準になっていることを指摘できる。

表5-7に子牛 1 頭当り全算入生産費を示した。初生出荷経営は534千円/頭，

第 5 章　草地型酪農地帯の酪農経営における和牛繁殖部門の経済性

表5-8　搾乳部門及び和牛繁殖部門の生産性

		経産牛1頭当り乳量(kg/頭)	子牛価格(雄（去勢）・雌平均)(千円/頭)	繁殖牛1頭当り 粗収益(千円/頭)	繁殖牛1頭当り 物財費(千円/頭)	繁殖牛1頭当り 農業純生産(千円/頭)	1時間当り 農業純生産(円/時間)	固定資産千円当り 農業純生産(円)
初生出荷	搾　乳	7,797	216	960	763	197	1,957	221
	和牛繁殖	-	558	467	248	218	2,592	265
素牛出荷	搾　乳	7,789	216	951	705	246	2,509	329
	和牛繁殖	-	744	623	304	319	6,280	389

資料：取引伝票（2018年），固定資産台帳（2018年），生物台帳（2018年），聞き取り調査（2019年）により算出した。

素牛出荷経営は531千円/頭であり，ともに北海道平均より低い。特に，飼料費（流通飼料費と牧草・採草・放牧費の合計）及び労働費の差が大きい。飼料費の差は，酪農部門における余剰粗飼料を活用していることに起因すると考えられる[注4]。

表5-8に搾乳部門及び和牛繁殖部門の労働時間1時間当り及び固定資本千円当り農業純生産を示した。初生出荷経営，素牛出荷経営いずれにおいても和牛繁殖部門の労働生産性，資本生産性は搾乳部門を上回る水準にある。なお，搾乳部門の経産牛1頭当り乳量は釧路地域の平均的な水準である。ただし，子牛価格は変動が大きく，2018年の子牛価格は過去10カ年の中で相対的に高水準であったこと，調査対象経営における子牛価格は市場平均を上回る水準にあることに留意する必要がある。

そこで，**表5-9**に過去10カ年における乳価及び子牛価格水準の下での搾乳部門及び和牛繁殖部門の労働時間1時間当り及び固定資本千円当り農業純生産の試算結果について示した。素牛出荷経営においては，いずれの年の価格水準の下でも，和牛繁殖部門の労働生産性，資本生産性は搾乳部門を上回る。一方，初生出荷経営においては，2012年の価格水準の下では，和牛繁殖部門の資本生産性は搾乳部門を下回る。さらに，2020年の価格水準の下では，労働生産性，資本生産性ともに搾乳部門を下回る。

第 1 部　飼料生産基盤が土地利用型酪農経営のコスト及び収益性に及ぼす影響

表 5-9　過去 10 カ年の価格水準の下での搾乳部門及び和牛繁殖部門の生産性（試算）

年	和牛子牛価格 初生（雄・雌平均）（千円/頭）	和牛子牛価格 素牛（去勢・雌平均）（千円/頭）	発生出荷 1時間当り農業純生産 搾乳（円/時間）	発生出荷 1時間当り農業純生産 和牛繁殖（円/時間）	発生出荷 固定資本千円当り農業純生産 搾乳（円）	発生出荷 固定資本千円当り農業純生産 和牛繁殖（円）	素牛出荷 1時間当り農業純生産 搾乳（円/時間）	素牛出荷 1時間当り農業純生産 和牛繁殖（円/時間）	素牛出荷 固定資本千円当り農業純生産 搾乳（円）	素牛出荷 固定資本千円当り農業純生産 和牛繁殖（円）
2011	-	396	-	-	-	-	114	1,676	13	127
2012	221	404	-262	-171	-25	-31	351	1,806	41	136
2013	287	473	-154	456	-14	45	456	2,885	54	213
2014	335	540	318	917	34	100	902	3,938	108	288
2015	397	640	1,124	1,508	118	172	1,692	5,497	202	399
2016	497	797	1,592	2,464	166	287	2,168	7,960	258	574
2017	514	778	2,069	2,621	215	306	2,635	7,668	314	553
2018	505	740	1,957	2,541	204	296	2,509	7,070	299	511
2019	475	756	1,695	2,246	177	261	2,228	7,313	266	528
2020	376	671	1,605	1,309	168	148	2,147	5,983	256	433
平均	401	619	1,105	1,543	116	176	1,520	5,180	181	376

資料：ホクレン家畜市場情報（2011～2020 年），ホクレン指定団体情報（2011～2020 年），取引伝票（2018 年），固定資産台帳（2018 年），生物台帳（2018 年），聞き取り調査（2019 年）により算出した。

注：1）乳価・補給金及び個体販売価格のみ変動させた。
　　2）2011 年における和牛初生の販売価格データは集計・公表されていない。

第4節　小括

　草地型酪農地帯における和牛繁殖部門を導入する酪農経営の実態調査から，次の諸点を指摘できる。
　第一に，事例経営における和牛繁殖部門は限られた労働力・施設の下での所得拡大，草地の活用，価格変動リスクの分散を目的として導入されている。
　第二に，事例経営における和牛繁殖部門は酪農部門の粗飼料や牛舎等の余剰資源を活用することで，全道平均より低いコストを実現している。
　第三に，事例経営における和牛繁殖部門の労働生産性及び資本生産性は，搾乳部門を上回る。ただし，初生出荷の場合，価格下落時における労働生産性及び資本生産性は搾乳部門の値を下回ることから，販売価格の向上と分娩

第5章　草地型酪農地帯の酪農経営における和牛繁殖部門の経済性

間隔短縮が重要となる。

　以上から，草地型酪農地帯の酪農経営に和牛繁殖部門を導入することで，労働生産性，資本生産性を向上させることができると考えられる。すなわち，酪農単一経営と比べて，より少ない労働力及び資本で，同等の農業純生産を実現できることから，労働力，施設が限られる単世代経営の省力化方策として位置づけられる。その際は，より必要投資額が少なく，飼養期間が短い初生出荷が適すると考えられる。

　さらに，後継者が就農した二世代経営においても施設投資を抑制しつつ，親世代の就労機会を創出し，生産性向上，価格変動リスクの分散を図る方策として位置付けられる。すなわち，和牛繁殖部門を導入することにより，ファミリーサイクルに応じて柔軟に規模を変化させることができる。その際は，初生出荷に比べて飼養期間が長く，施設投資も必要にはなるが，より子牛価格変動によるリスクの低い素牛出荷が望ましい。

　また，地域の視点からも，特に中山間草地型酪農地帯の酪農経営における和牛繁殖部門の導入は，地域の高齢労働力，離農や牛舎建て替えに伴い使用されなくなった搾乳牛舎，余剰草地といった資源を活用して，生産額の向上及び，地域人口の維持に貢献する方策として位置づけられる。

　今後は，搾乳部門の収益性水準と和牛繁殖部門導入の関係について検討し，導入局面について考察を深める必要がある。また，和牛繁殖部門の収益性の安定化のためには，販売価格の向上[注5]及び分娩間隔の短縮が重要となるが，その実現に向けた経営対応及び産地体制のあり方についても今後の課題としたい。

　注1）岡田（2020）は道北酪農地帯において，後継者確保が不確実な下で，投資・回収行動の単世代化と資本蓄積回避のトレンドがみられるとしている。また，濱村（2021a）は繋ぎ飼養の酪農経営における自動給餌機導入には牛舎の建替えが必要となる場合が多く，現在の建築単価の下で牛舎の建替えに際して農業所得を維持するためには増頭と乳量向上が必要となるとしている。

第1部　飼料生産基盤が土地利用型酪農経営のコスト及び収益性に及ぼす影響

注2）ただし，同時に「畑作や酪農の大規模経営に比べて不安定性や不確実性が高いことから，一斉に切り替わることはなく，収益拡大の限界に直面した畑作農家や酪農家の一部が経営を切り替えていくかたちで，肉用牛繁殖部門が徐々に広がっていくだろう」としている。

注3）子牛生産費では，繁殖牛（経産）の計算期間を前回産子牛の販売から今回産子牛の販売までとすることから，分娩間隔が短いほど計算期間が短くなる。

注4）牧草・採草・放牧費は，給与した自給牧草の量に自給飼料費用価単価を乗じることで算出した。

注5）鵜川（1995）は，和牛子牛価格の形成要因として，血統及び出荷時体重の影響が大きいことを明らかにしている。

第2部　土地利用型酪農におけるTMRセンターの機能

第6章　北海道におけるTMRセンターの動向

第1節　課題

　本章では，既存の統計資料及び事例調査に基づき，北海道におけるTMRセンターの動向を整理する。

　まず，地域別にみたTMRセンター数の推移及び乳牛飼養，飼料生産に対するTMRセンターのシェアについて整理する。次に，TMRセンターの作業体制や事業内容について，地帯間比較を行う。

　以上を通じて，地帯別にみたTMRセンターの特徴を明らかにする。

第2節　TMRセンターの設立動向とシェア

　北海道におけるTMRセンター数は右肩上がりで増加しており，2020年時点で86センターに達する（**図6-1**）。TMRセンターは，当初，天北地域やオホーツク地域において多く設立され，その後，根室地域，十勝地域に拡がっている。

　特に，オホーツク地域や天北地域では乳牛飼養，飼料生産に対するTMRセンターのシェアが大きく，乳牛飼養経営体数，牧草作付面積の1割以上，飼料用とうもろこしの2割以上[注1]，経産牛飼養頭数の2割以上をTMRセンター加入経営が占めるに至っている（**表6-1**）。さらに，乳牛飼養経営体数や牧草作付面積のシェアが50%を超える市町村もみられる（**図6-2**）。

　十勝地域のTMRセンターは，根釧地域，天北地域のTMRセンターに比べて，農協営が多い，経営体当り供給頭数（≒構成員の平均飼養頭数規模）が多い，成牛換算1頭当り利用面積が小さい，牧草率が低い，収穫委託面積割

第 2 部　土地利用型酪農における TMR センターの機能

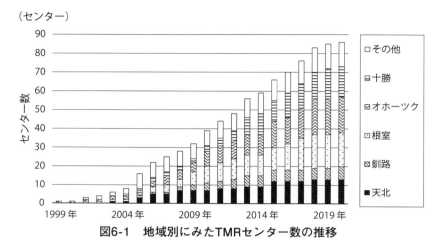

図6-1　地域別にみたTMRセンター数の推移

資料：北海道農政部資料より作成。

表 6-1　地域別にみた TMR センター加入経営の
経営体数・乳牛飼養頭数・飼料作付面積シェア

	乳牛飼養経営体数		乳牛飼養頭数				飼料作物作付面積			
			経産牛		育成牛		牧草		飼料用とうもろこし	
	(経営体)	(％)	(頭)	(％)	(頭)	(％)	(ha)	(％)	(ha)	(％)
十　　勝	153	(11)	18,610	(14)	8,490	(8)	6,489	(10)	3,646	(14)
オホーツク	196	(22)	16,409	(25)	10,374	(20)	7,134	(17)	3,642	(29)
根　　室	163	(12)	18,004	(18)	12,323	(16)	12,328	(13)	1,862	(52)
釧　　路	67	(7)	6,258	(9)	2,375	(4)	3,626	(5)	1,040	(25)
天　　北	105	(14)	10,018	(22)	4,025	(14)	9,436	(14)	407	(48)
そ の 他	109	(5)	9,149	(7)	4,138	(4)	4,897	(3)	2,008	(13)
計	793	(12)	78,448	(17)	41,725	(12)	43,908	(10)	12,605	(22)

資料：北海道農政部資料（2020 年）より作成。
注：(　) は各地域の乳牛飼養経営体数・乳牛飼養頭数・飼料作付面積に対するTMRセンター加入経営のシェアを示す。

第 6 章　北海道における TMR センターの動向

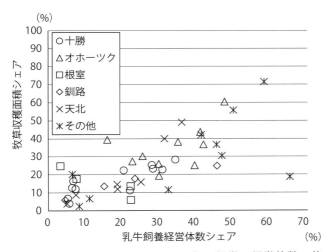

図 6-2　地域別にみた TMR センター加入経営の経営体数・牧草作付面積シェア
資料：北海道農政部資料（2020 年）より作成。

表 6-2　地域別にみた TMR センターの概要

地域	センター数 （センター）	うち JA 営 （センター）	構成員数 （経営体）	経営体当り 供給頭数 （経産牛） （頭/経営体）	成牛換算 1 頭当たり 利用面積 （ha/頭）	牧草作付 面積割合 （％）	収穫委託 面積割合 （％）
十　　勝	16	4	9.6	147.3	0.50	65.0	73.2
オホーツク	19	1	10.3	101.7	0.54	65.4	62.7
根　　室	18	1	9.1	120.2	0.59	89.4	31.5
釧　　路	7	2	9.6	97.5	0.68	79.3	25.6
天　　北	13	0	8.1	96.0	0.84	94.8	11.8
そ の 他	13	0	8.4	123.4	0.73	71.4	10.2
計	86	8	9.2	116.1	0.63	76.8	39.5

資料：北海道農政部資料（2020 年）より作成。
注：農協営には，農協が主に出資する子会社を含む。

第 2 部　土地利用型酪農における TMR センターの機能

表 6-3　形態別にみた TMR センターの議決権割合（農地所有適格法人のみ）

	法人数	役員数	うち農業に常時従事する構成員である役員の数	農業関係者の議決権割合	農業関係者の内訳別センター数					
					農地の権利提供者等	農業の常時従事者	農作業委託者	農地中間管理機構	地方公共団体	農協・農協連合会
	(法人)	(人)	(人)	(%)	(法人)	(法人)	(法人)	(法人)	(法人)	(法人)
株式会社	18	5.3	4.9	98.4	13	16	2	1	0	2
特例有限会社	17	5.2	4.9	93.8	8	17	2	1	0	4
合同会社	14	5.9	5.9	100.0	9	14	0	0	0	0
農事組合法人	5	4.0	3.8	100.0	5	5	2	0	0	0
計	54	5.3	5.1	97.5	35	52	6	2	0	6

資料：北海道農政部資料（2018 年）より作成。

合が高いという特徴がみられる（表6-2）。

　農地所有適格法人であるTMRセンターは54法人確認される（表6-3）。農業関係者の議決権割合は90％以上で，農業関係者の大半は農地の権利提供者または農業の常時従事者である。

第3節　TMRセンターの作業体制と事業内容

　図6-3に作業体制の変化を示した。初期に設立されたTMRセンターの約半数は，粗飼料収穫作業を構成員の出役のみによって実施していたが，近年，その比率は減少し，作業の一部または全てを外部に委託するセンターが増加している。

　特に，収穫作業の全てを委託するTMRセンターは，十勝・オホーツク地域に多い（表6-4）。一方，天北地域のTMRセンターは，十勝・オホーツク地域のセンターに比べて，従業員数，構成員の出役人数が多く，オペレータを雇用している比率が高い[注2]。また，員外受託や粗飼料・TMRの外部への販売，哺育・育成預託，酪農ヘルパー，生乳生産，新規参入研修といった事業の実施率が高い（表6-5）。特に2010年以前に設立されたセンターにおいて多角化が進展していることがうかがわれる（表6-6）。

第6章　北海道における TMR センターの動向

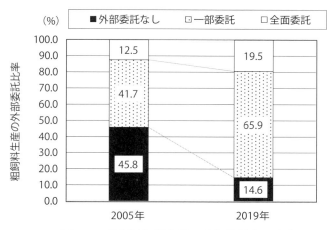

図6-3　粗飼料収穫作業の外部委託率の変化

資料：「北海道における自給飼料主体TMR供給システムの設立運営マニュアル」
（北海道立農業試験場・畜産試験場，北海道農政部農村振興局農村計画課
2008年），TMRセンター連絡協議会アンケートデータ（2019年）の組替
集計より作成。

表6-4　地域別にみた粗飼料収穫作業への出役人数及び外部委託の状況

地域	センター数	利用面積	従業員数	出役人数 構成員	出役人数 従業員	センター数比率 外部委託なし	センター数比率 一部委託	センター数比率 全面委託	オペレータ雇用
	（センター）	(ha)	(人)	(人)	(人)	(%)	(%)	(%)	(%)
十勝・オホーツク	17	485	3.3	3.7	1.0	17.6	47.1	35.3	23.5
根　　　　釧	15	735	3.7	5.5	1.7	6.7	66.7	13.3	40.0
天　　　　北	7	850	5.0	7.1	1.3	14.3	85.7	0.0	42.9
そ　の　他	4	632	11.0	9.0	2.3	25.0	75.0	0.0	75.0
計	43	642	4.4	5.4	1.4	14.0	62.8	18.6	37.2

資料：北海道TMRセンター連絡協議会・北海道農業研究会酪農部会によるアンケート調査（2019年）の個票を組み
替え集計したものである。

第2部　土地利用型酪農におけるTMRセンターの機能

表6-5　地域別にみた関連事業の実施率

地域	センター数（センター）	員外受託(%)	粗飼料・TMR外部販売(%)	哺育・育成預託(%)	酪農ヘルパー(%)	生乳生産(%)	新規参入研修(%)	その他(%)
十勝・オホーツク	17	17.6	23.5	17.6	23.5	0.0	0.0	5.9
根　　釧	15	13.3	40.0	13.3	0.0	0.0	0.0	20.0
天　　北	7	42.9	28.6	28.6	28.6	14.3	28.6	0.0
そ の 他	4	50.0	50.0	25.0	25.0	25.0	0.0	25.0
計	43	23.3	32.6	18.6	16.3	4.7	4.7	11.6

資料：北海道TMRセンター連絡協議会・北海道農業研究会酪農部会によるアンケート調査（2019年）の個票を組み替え集計したものである。

表6-6　設立年数別にみた関連事業の実施率

（単位：％）

設立年	センター数	員外受託	粗飼料・TMR外部販売	哺育・育成預託	酪農ヘルパー	搾乳	新規参入研修	その他
～2005年	10	40.0	30.0	20.0	20.0	10.0	10.0	0.0
2006～2010年	9	22.2	44.4	33.3	11.1	0.0	11.1	11.1
2011～2015年	12	16.7	41.7	8.3	16.7	8.3	0.0	8.3
2016年～	12	16.7	41.7	16.7	8.3	0.0	0.0	0.0
計	43	23.3	39.5	18.6	14.0	4.7	4.7	4.7

資料：北海道TMRセンター連絡協議会・北海道農業研究会酪農部会によるアンケート調（2019年）の個票を組み替え集計したものである。

表6-7に事例TMRセンターにおける関連事業の開始年とねらいを示した。Bセンター，Cセンター，Dセンターにおける酪農ヘルパー事業は常勤オペレータの就業機会確保を目的として行われている。

また，F，G，Hセンターにおける哺育・育成事業は，地域に周年預託可能な哺育・育成牧場が存在しない中で，構成員のさらなる負担軽減と構成員間の生産性格差縮小を目的として行われている。その背景として，各TMRセンターの代表取締役は，構成員の飼養頭数拡大の停滞によるTMR単価の

表 6-7　事例 TMR センターにおける関連事業の導入年と契機・目的

No.	事業名	導入年	契機・目的
A	員外受託	2004 年	収穫機の稼働率向上
B	酪農ヘルパー	2016 年	常勤オペレータの就業機会確保
C	酪農ヘルパー	2019 年	常勤オペレータの就業機会確保
D	酪農ヘルパー	2019 年	常勤オペレータの就業機会確保
E	哺育育成	2005 年	構成員の負担軽減,構成員間の生産性格差解消
	酪農ヘルパー	2019 年	常勤オペレータの就業機会確保
F	員外受託	2005 年	JA からの依頼,収穫機の稼働率向上
	哺育育成	2013 年	構成員の負担軽減,構成員間の生産性格差解消
	哺育育成	2017 年	構成員の負担軽減,構成員間の生産性格差解消
	生乳生産	2018 年	余剰サイレージの活用,搾乳牛舎の更新が困難な構成員の離農抑制

資料：聞き取り調査（2019～2020 年）により作成。

高止まりや構成員である酪農経営の収益性悪化[注3]といった課題が生じていたことを指摘する。

　さらに，Gセンターにおける生乳生産事業は構成員の減少に伴い生じた余剰サイレージの活用を目的として行われている。また，Gセンターの生乳生産事業部門の従業員7名のうち3名は構成員であった。この3名は搾乳牛舎の老朽化により営農継続が困難な状況にあったが，Gセンターの生乳生産部門の従業員となることで離農を回避することができている。このように，生乳生産部門は搾乳牛舎の更新が困難な構成員の受け皿ともなっている。

第4節　小括

　以上の通り，初期に道北・草地型酪農地帯（天北地域）で設立されたTMRセンターと，近年，道東・草地型酪農地帯（根釧地域），畑地型酪農地帯（十勝・オホーツク地域）で設立されたTMRセンターには違いがみられる。
　道北・草地型酪農地帯のTMRセンターは，中小規模酪農経営を中心とした構成員の出役による共同作業によって粗飼料収穫作業を実施しているという特徴がある。また，新たな動向としてオペレータの雇用がみられる。さら

第 2 部　土地利用型酪農における TMR センターの機能

に，事業も多角化しており，その機能は飼料生産にとどまらない。多角化の目的としては，構成員間の生産性格差の解消，オペレータの就業機会創出，余剰サイレージの活用等が指摘される。

　一方，畑地型酪農地帯のTMRセンターは，大規模酪農経営を構成員として組み込みつつ，粗飼料収穫作業は外部に委託しており，従来指摘されてきたような支援組織が成立しにくい地域における中小規模経営の省力化手段として設立されたセンターとは異なる性格を有することがうかがわれる。

注1）荒木（2005）は農場制型TMRセンター設立の成果のひとつとしてデントコーン（飼料用とうもろこし）栽培による飼料自給率の向上を挙げている。また，原（2007），濱村（2021b）は，集団的土地利用による飼料用とうもろこし栽培適地の確保がTMRセンター設立目的のひとつとなっていることを指摘している。

注2）岡田（2016）は，草地型酪農地帯（特に中山間）では受託側の収益形成力が低く，粗飼料生産作業を受託するコントラクターが成立しにくいことを指摘している。

注3）岡田（2016）は，TMR単価の高止まりの要因として，生乳生産量に関する当初計画の未達と，その下でTMR製造規模に対して乳牛頭数規模が過小となっていること指摘している。TMRセンター加入経営間における収益性格差の要因については第7章参照のこと。これらの問題に対し，哺育・育成預託により，育成牛飼養に係る労働負担の軽減と育成牛の均質化による収益性改善が期待されており，第7章で対象とするCセンターでも哺育・育成事業が導入されている。

第7章　TMRセンターへの加入が牛乳生産費及び酪農経営の収益性に及ぼす影響

第1節　課題

　「酪農及び肉用牛生産の近代化を図るための基本方針」（農林水産省，2020年）では需要に応える供給を実現するために，意欲ある経営が生産性向上や規模拡大を進めることが重要であるとしている。土地利用型酪農が展開する北海道においても，酪農経営の乳牛飼養頭数規模は右肩上がりで拡大しており，それに比例して農業所得も増加している。

　ただし，必ずしも耕地面積の拡大を伴っておらず，第2章において明らかにしたように，特に畑地型酪農地帯において，飼養頭数規模拡大に伴い乳牛1頭当り耕地面積が縮小し，濃厚飼料の多給や経産牛1頭当り乳量の停滞，コストの下げ止まり・増加が生じていることがうかがえる。このため，TMRセンターによる集団的な土地利用を通じて，成牛換算1頭当り耕地面積，サイレージ給与量，経産牛1頭当り乳量の維持を図ることが重要である。荒木（2005）が指摘する通り，TMRセンターは，構成員の農地を集団的に利用し，生産された粗飼料を売買によって取引するため，構成員間の乳牛飼養頭数に対する粗飼料の過不足を解消する手段となりうる。

　これまで，TMRセンターは資本，労働力が不足する中小規模酪農経営における粗飼料生産の外部化の手段として位置づけられ，荒木（2005），岡田（2012），によって主に中小規模酪農経営におけるTMRセンター加入の影響が評価されてきた。一方で，岡田（2016）は中小規模酪農経営における飼養頭数規模拡大の停滞がTMR単価の上昇を招いているとし，TMR単価引き下

113

げのためには飼養頭数規模を拡大する大規模酪農経営が重要であると指摘する。しかし，これまで経産牛飼養頭数200頭を超えるような大規模酪農経営[注1]におけるTMRセンター加入の経済性評価は行われていない。TMRセンター加入による耕地面積不足の解消とそれに伴う経産牛1頭当り乳量の向上が期待される一方，岡田（2012）が指摘する経産牛1頭当り物財費の増加が懸念される。

　大規模酪農経営におけるTMRセンター加入の影響を明らかにすることは，乳牛飼養頭数に対して耕地面積が不足する大規模酪農経営のコスト低減を図る上で，また，TMRセンターの稼働率を高め，TMR単価を引き下げる上で重要な課題である。

　また，TMRセンター加入による耕地面積不足の解消を実現するためには，余剰農地を抱える中小規模酪農経営をTMRセンターの構成員として組み込むことが前提となる。

　TMRセンターへの加入が酪農経営の収益性に及ぼす影響については，荒木（2005）や岡田（2012）が構成員間でばらつきが生じていることを明らかにしている。また，岡田（2012）は，多頭化が困難な構成員が，高単価なTMRに対応するための急速な高泌乳化を図る場合に所得の低迷がみられることを明らかにしている。しかし，いずれも収益性格差の要因については，TMR給与への適合（飼養管理技術の高度化）において課題が生じていることを示唆するにとどまる。

　TMRセンターへの加入に伴う飼養管理の変化については，濃厚飼料給与量が少なく，乳量水準が低い草地型酪農地帯の中小規模酪農経営において，特に大きいと考えられる。

　そこで，本章では，TMRセンターへの加入が大規模酪農経営及び中小規模酪農経営それぞれの牛乳生産費，農業所得に及ぼす影響について分析する。

第7章　TMRセンターへの加入が牛乳生産費及び酪農経営の収益性に及ぼす影響

第2節　TMRセンターへの加入が大規模酪農経営の牛乳生産費に及ぼす影響

　まず，平成29年度畜産物生産費統計のうち，北海道の牛乳生産費個票を耕地面積に占める牧草地面積の割合が80％以上の経営を草地型，同80％未満を畑地型酪農経営に，さらに自給飼料生産及びTMR購入の有無によりTMRセンター加入経営群と非加入経営群に分類し，牛乳生産費を比較した。その際，経産牛飼養頭数100頭以上のTMRセンター加入経営群のサンプルが少ないことから，経産牛80頭以上層を最大規模階層とした。

　次に，実態調査により，経産牛飼養頭数200頭以上のTMRセンター加入経営群における投入・産出及び牛乳生産費を明らかにし，非加入経営群と比較するとともに，TMRセンター加入前後の比較を行った。調査対象地域は草地型酪農地帯である根室地域，畑地型酪農地帯である十勝地域において，それぞれ最も経営体当り乳牛飼養頭数が多いA町，B町を選定した。

　表7-1に，飼料生産基盤別，飼養頭数規模別にTMRセンター加入経営群及び非加入経営群の牛乳生産費を示した。草地型，畑地型ともに，TMRセンター加入経営群は同規模の非加入経営群に比べて経産牛1頭当り物財費が高い。特に，飼料費はTMR製造・配送に係る委託費用を含むことから，非加入経営群に比べて高い。

　ただし，経産牛飼養頭数80頭以上層では，TMRセンター加入経営群は非加入経営群に比べて，労働費は低いこと，経産牛1頭当り実搾乳量が多いことから，実搾乳量100kg当り全算入生産費が低い。労働費の差は，TMRセンター加入経営群における飼料の調理及び自給牧草に係る労働時間が短いことに起因する。また，畑地型のTMRセンター加入経営群における実搾乳量100kg当り全算入生産費は草地型のTMRセンター加入経営群よりも低い水準となっている。実搾乳量100kg当り全算入生産費の差は，経産牛1頭当り実搾乳量の差に起因する。

　一方，経産牛80頭未満層では，TMRセンター加入経営群の経産牛1頭当り実搾乳量が非加入経営群に比べて多い点は共通しているが，経産牛1頭当

第2部 土地利用型酪農におけるTMRセンターの機能

表7-1 飼料生産基盤別・飼養頭数規模・TMRセンター加入状況別にみた牛乳生産費

		経産牛飼養頭数	経営体数	経産牛1頭当り実搾乳量	経産牛1頭当り 物財費	飼料費	農機具・建物・自動車費	労働費	副産物価額	利子・地代	全算入生産費	実搾乳量100kg当り 全算入生産費
			(経営体)	(kg/頭)	(千円/頭)	(千円/頭)	(千円/頭)	(千円/頭)	(千円/頭)	(千円/頭)	(千円/頭)	(円/100kg)
草地型	非加入	～29頭	8	6,420	523	252	46	259	200	80	661	10,382
		30～49頭	36	7,606	577	310	47	213	185	52	657	8,768
		50～79頭	50	8,007	613	310	57	175	188	59	658	8,269
		80頭～	35	8,372	697	360	68	143	185	54	710	8,570
		計	129	7,896	620	320	56	182	187	57	672	8,621
	加入	～29頭	-	-	-	-	-	-	-	-	-	-
		30～49頭	x	x	x	x	x	x	x	x	x	x
		50～79頭	4	9,524	734	427	72	203	154	30	813	8,630
		80頭～	4	8,809	716	394	63	117	162	23	693	7,872
		計	10	9,339	733	417	65	178	163	27	774	8,326
畑地型	非加入	～29頭	17	7,027	616	318	61	347	211	76	828	12,328
		30～49頭	15	8,612	691	359	57	228	206	62	775	9,343
		50～79頭	20	8,998	681	364	66	180	194	60	727	8,197
		80頭～	18	9,449	747	387	66	129	202	57	731	7,774
		計	70	8,552	684	358	63	218	203	63	763	9,337
	加入	～29頭	x	x	x	x	x	x	x	x	x	x
		30～49頭	7	9,130	763	401	66	263	184	44	886	9,728
		50～79頭	6	9,282	773	395	105	139	159	32	785	8,806
		80頭～	9	10,016	756	412	72	122	170	29	738	7,384
		計	23	9,362	757	402	76	174	171	35	794	8,706

資料：農林水産省「農業経営統計調査（平成29年度牛乳生産費）」の調査票情報を独自集計したものである。
注：1）サンプル数が2以下の階層は秘密保護の観点から，値をxとして表示した。
　　2）耕地面積に占める牧草作付面積割合が80％以上の経営を草地型，同80％未満の経営を畑地型に分類した。TMRセンター加入経営群の場合は，TMRセンターの利用面積に占める牧草作付面積割合で分類した。
　　3）自給牧草の給与が無く，TMRを購入している経営をTMRセンター加入経営群，それ以外を非加入経営群とした。

り物財費の差が大きいことから，TMRセンター加入経営群の実搾乳量100kg当り全算入生産費は非加入経営群の値を上回る。

　以上の通り，経産牛80頭以上層においてはTMRセンター加入による労働時間の減少と経産牛1頭当り乳量の向上，コスト低減の効果がうかがわれる。

　表7-2に，調査対象地域における経産牛飼養頭数規模別にみた成牛換算1

第7章　TMRセンターへの加入が牛乳生産費及び酪農経営の収益性に及ぼす影響

表7-2　飼養頭数規模別にみた成牛換算1頭あたり耕地面積及び経産牛1頭当り実搾乳量

経産牛飼養頭数	A町			B町		
	経営体数 (経営体)	成牛換算 1頭当たり 耕地面積 (a/頭)	経産牛 1頭当り 乳量 (kg/頭)	経営体数 (経営体)	成牛換算 1頭当たり 耕地面積 (a/頭)	経産牛 1頭当り 乳量 (kg/頭)
～49頭	23	127	7,775	3	50	9,080
50～79頭	42	106	7,590	9	49	9,657
80～99頭	23	80	8,640	10	40	8,848
100～149頭	28	62	8,793	14	36	10,159
150～199頭	5	58	9,284	6	37	9,621
200頭～	8	49	8,564	11	31	8,679
計	129	90	8,197	53	39	9,397

資料：農協資料（2017年）より作成。

頭当り耕地面積と経産牛1頭当り乳量を示した。草地型酪農地帯のA町，畑地型酪農地帯のB町いずれにおいても，経産牛飼養頭数が多いほど成牛換算1頭当り面積は小さく，また，経産牛飼養頭数200頭以上層の経産牛1頭当り乳量は経産牛飼養頭数100～199頭層よりも低い水準になっている。このことから，飼養頭数規模拡大に伴う耕地面積の不足と[注2]と，生産性の停滞がうかがわれる。

表7-3に，調査対象経営の概要を示した。経産牛飼養頭数150頭以上である調査対象経営では，家族労働力は3名以上で，さらに経産牛200頭以上では常雇が導入されている。成牛換算1頭当り耕地面積は，いずれも町の平均値を下回る水準となっている。また，B町のTMRセンター非加入経営群は，耕地面積不足への対応として，飼料用とうもろこしの委託栽培を行っている。搾乳機については，A町の経産牛飼養頭数200頭以上の経営において搾乳ロボット導入率が高い一方，B町では搾乳ロボットの導入がみられないが，これは増頭時期の違いに起因し，今後，パーラーの更新時期にあわせて搾乳ロボットの導入が予定されている。粗飼料収穫については，多くがコントラクターあるいはTMRセンターに作業を委託している。

表7-4に，飼養頭数規模別，TMRセンター加入状況別にみた投入・産出

117

第2部　土地利用型酪農におけるTMRセンターの機能

表7-3　調査対象経営の概要

		No.	労働力 家族(人)	労働力 常雇(人)	経産牛飼養頭数(頭)	作付面積 牧草(ha)	作付面積 飼料用とうもろこし(ha)	作付面積 成牛換算1頭当り(a/頭)	飼料用とうもろこし委託栽培	牛舎形態	搾乳機	粗飼料収穫
A町	150～199頭	A1	4	0	152	179	0	85		FS	パーラー	共同
		A2	3	1	170	98	0	40		FS	パーラー	コントラ
	200頭～	A3	3	4	246	94	0	28		FS	搾ロボ2台,パーラー	コントラ
		A4	4	4	265	163	0	44		FS	ロータリーパーラー	個別
		A5	4	8	253	203	0	56		FS	パーラー,パイプライン	TMRC
		A6	4	2	269	158	0	40		FS	搾ロボ2台,パーラー	TMRC
B町	150～199頭	B1	4	0	160	44	23	28	○	FS	パーラー	コントラ
		B2	3	0	161	46	13	26	○	FS	パーラー	共同
		B3	4	0	180	63	24	34	○	FS	パーラー	コントラ
	200頭～	B4	4	2	248	94	37	34	○	FS	パーラー	共同
		B5	4	3	262	65	42	31		FS	パーラー	TMRC

資料：聞き取り調査（2018年）により作成。

表7-4　飼養頭数規模別及びTMRセンター加入状況別にみた投入・産出

	経産牛飼養頭数	経営体数(経営体)	経産牛1頭当り飼料給与量 濃厚飼料(kg/頭・日)	グラスサイレージ(kg/頭・日)	とうもろこしサイレージ(kg/頭・日)	乾草(kg/頭・日)	経産牛1頭当り実搾乳量(kg/頭)	飼料効果	除籍牛率(%)	経産牛1頭当り労働時間(時間/頭)
A町	150～199頭	2	10.7	46.1	0.0	1.0	8,201	2.5	36.2	53.6
	200頭～	4	13.2	36.6	0.0	0.0	10,269	2.6	33.5	64.0
	うち非加入	2	13.9	32.2	0.0	0.0	9,729	2.3	36.1	55.3
	うち加入	2	12.5	40.9	0.0	0.0	10,810	2.8	30.8	72.6
B町	150～199頭	3	12.3	18.9	21.5	0.7	10,088	2.7	31.0	49.8
	200頭～	2	13.9	18.5	19.8	0.0	10,132	2.4	38.5	47.7
	うち非加入	1	14.3	19.0	18.6	0.0	9,680	2.2	42.6	59.6
	うち加入	1	13.6	17.9	21.0	0.0	10,583	2.6	34.4	35.7

資料：農協資料，聞き取り調査（2018年）により作成。
注：飼料効果＝実搾乳量÷濃厚飼料給与量

第7章　TMRセンターへの加入が牛乳生産費及び酪農経営の収益性に及ぼす影響

表7-5　飼養頭数規模別及びTMRセンター加入状況別にみた牛乳生産費

	経産牛飼養頭数	経産牛1頭当り実搾乳量 (kg/頭)	経産牛1頭当り 物財費 (千円/頭)	流通飼料費 (千円/頭)	牧草・採草・放牧費 (千円/頭)	乳牛償却費 (千円/頭)	農機具・建物・自動車費 (千円/頭)	家族労働費 (千円/頭)	雇用労働費 (千円/頭)	全算入生産費 (千円/頭)	実搾乳量100kg当り 全算入生産費 (円/100kg)
A町	150〜199頭	8,201	689	228	83	182	82	80	13	638	7,871
	200頭〜	10,269	898	401	34	208	111	41	56	852	8,302
	うち非加入	9,729	871	315	67	219	119	47	51	836	8,576
	うち加入	10,809	924	487	0	197	103	34	61	868	8,028
B町	150〜199頭	10,088	886	357	126	183	70	84	3	802	7,958
	200頭〜	10,132	773	374	51	191	27	50	25	734	7,264
	うち非加入	9,680	717	294	102	178	35	72	20	745	7,693
	うち加入	10,583	829	455	0	204	19	29	29	723	6,835

資料：取引伝票，固定資産台帳，生物台帳，聞き取り調査（2018年）より作成。

を示した。A町，B町ともに，経産牛飼養頭数200頭以上のTMRセンター非加入経営群は，経産牛飼養頭数150〜199頭層に比べ，サイレージ給与量が少なく，飼料効果（濃厚飼料1kg当り乳量）も劣る。これに対し，TMRセンター加入経営群は非加入経営群に比べて，サイレージ供給量が多く，飼料効果も高い。また，B町のTMRセンター加入経営群は，非加入経営群に比べて，経産牛1頭当り労働時間が短い。

　表7-5に，飼養頭数規模別，TMRセンター加入状況別にみた牛乳生産費を示した。A町におけるTMRセンター加入経営群は，非加入経営群に比べて，経産牛1頭当り全算入生産費は高いが，経産牛1頭当り実搾乳量も高いことから，実搾乳量100kg当り全算入生産費は低い。また，B町におけるTMRセンター加入経営群は非加入経営群に比べて，経産牛1頭当り全算入生産費が低く[注3]，実搾乳量100kg当り全算入生産費も低い。また，B町のTMRセンター加入経営群における実搾乳量100kg当り全算入生産費はA町のTMRセンター加入経営群よりも低い水準となっている。

　次に，TMRセンター加入経営であるA6経営，B5経営を抽出し，TMRセ

第2部　土地利用型酪農におけるTMRセンターの機能

表7-6　TMRセンター加入による投入・産出の変化

No.		成牛換算1頭当り		飼料給与量					経産牛1頭当り実搾乳量	飼料効果	除籍牛率	経産牛1頭当り労働時間
		牧草作付面積	飼料用とうもろこし作付面積	濃厚飼料	グラスサイレージ	コーンサイレージ	サイレージ自給率	乾草				
		(a/頭)	(a/頭)	(kg/頭・日)	(kg/頭・日)	(kg/頭・日)	(%)	(kg/頭・日)	(kg/頭)		(%)	(時間/頭)
A6	加入前	43	0	10.8	34.7	0.0	90	2	9,015	2.7	27	43
	加入後	68	0	12.4	33.8	0.0	100	0	11,000	2.9	44	37
	変化	25	0	1.6	-0.9	0.0	10	-2	1,985	0.2	17	-5
B5	加入前	13	13	14.6	10.8	24.0	91	1	9,408	2.1	30	44
	加入後	24	21	13.6	17.9	21.0	100	0	10,583	2.6	34	36
	変化	11	8	-1.0	7.1	-3.0	9	-1	1,175	0.4	4	-8

資料：農協資料及び聞き取り調査（2018年）により作成。

ンター加入による投入・産出及び牛乳生産費の変化を整理した。なお，A6経営が加入するAセンターは6経営によって設立され，利用面積は905ha（全て牧草），供給頭数（経産牛）は1,087頭である。事業内容は牧草の生産，サイレージの調製，TMRの製造・配送（圧縮梱包）であり，牧草の生産，サイレージの調製，TMRの製造・配送はコントラクターに委託されるとともに，一部の作業は構成員の出役によって行われる。また，B5経営が加入するBセンターは農協によって設立され，構成員は20経営，利用面積は1,347ha（牧草705ha，とうもろこし642ha），供給頭数（経産牛）は約3,150頭である。事業内容は牧草の生産，サイレージの調製，TMRの製造・配送（バラ配送）であり，牧草の生産，サイレージ調整の一部はコントラクターに委託されるとともに，一部の作業は構成員の出役によって行われる[注4]。Xセンター構成員の成牛換算1頭当り耕地面積は43〜112a/頭，Yセンター構成員の成牛換算1頭当り耕地面積は15〜65a/頭と構成員間における耕地面積の過不足が生じている。

表7-6に，TMRセンター加入に伴う投入・産出の変化を示した。A6経営，

第7章　TMRセンターへの加入が牛乳生産費及び酪農経営の収益性に及ぼす影響

表7-7　TMRセンター加入による牛乳生産費の変化

No.		経産牛飼養頭数	経産牛1頭当り実搾乳量	経産牛1頭当り								実搾乳量100kg当り
				物財費	流通飼料費	牧草・採草・放牧費	乳牛償却費	農機具・建物・自動車費	家族労働費	雇用労働費	全算入生産費	全算入生産費
		(頭)	(kg/頭)	(千円/頭)	(千円/頭)	(千円/頭)	(千円/頭)	(千円/頭)	(千円/頭)	(千円/頭)	(千円/頭)	(円/100kg)
A6	加入前	262	9,015	909	292	171	205	115	74	0	811	8,996
	加入後	269	11,000	990	527	0	213	134	37	36	904	8,222
	変化	7	1,985	81	235	-171	8	20	-36	36	93	-774
B5	加入前	214	9,463	816	350	89	209	50	75	2	708	7,480
	加入後	231	10,583	829	455	0	204	19	29	29	723	6,835
	変化	17	1,120	13	106	-89	-4	-31	-46	27	15	-646

資料：取引伝票，固定資産台帳，生物台帳，聞き取り調査（2018年）より作成。
注：加入前後で成畜時評価額，副産物価額（子牛）は変化しないものとした。

B5経営いずれも，TMRセンター加入に伴い，成牛換算1頭当り飼料作付面積，サイレージ自給率，経産牛1頭当り乳量，飼料効果の向上がみられ，経産牛1頭当り労働時間は減少している。TMRセンター加入に伴う経産牛1頭当り乳量向上の要因として，各経営主はTMRセンターの下で集団的に農地を利用することにより，成牛換算1頭当り耕地面積に余裕が生じ，草地更新率の向上（A6経営：5→15％），ふん尿投入量の適正化（B5経営）が可能となり，粗飼料品質が向上したことを指摘する[注5]。一方で，A6経営では，除籍牛率の増加がみられ，経営主は，その要因として低能力牛の積極的な淘汰と分娩事故の増加を指摘する。

表7-7に，TMRセンター加入に伴う牛乳生産費の変化を示した。A6経営，B5経営いずれも，TMRセンター加入に伴い，経産牛1頭当り物財費（特に流通飼料費）は増加しているが，労働費は減少し，経産牛1頭当り実搾乳量が増加していることから，実搾乳量100kg当り全算入生産費は低下している。

以上の通り，大規模酪農経営において，TMRセンター加入による耕地面積不足の解消，飼料効果の向上，コストの低減が確認される。

第2部　土地利用型酪農におけるTMRセンターの機能

第3節　TMRセンターが草地型酪農地帯における中小規模酪農経営の収益性に及ぼす影響

　本節では，道東・草地型酪農地帯におけるTMRセンター加入経営を対象として，特に飼養管理の変化に着目し，TMRセンター加入が中小規模酪農経営の収益性に及ぼす影響について明らかにするとともに，収益性格差の要因について考察する。

　道東・草地型酪農地帯である根室地域C町におけるCセンターの構成員10経営体のうち，協力が得られた9経営体を対象に調査を行った。

　C町を対象として，飼養形態毎に生乳生産の概況を比較すると，TMRセンター加入経営群は，濃厚飼料給与量，飼料費，乳量が高い，産次数が短いという特徴がある（表7-8）。Cセンターの構成員も概ね同様の値であり，TMRセンター加入経営としては，一般的な水準であると判断される。

　Cセンターは，牧草，飼料用とうもろこしの生産，サイレージの調製，TMRの製造・配送（バラ）及び哺育・育成預託[注6]を行うTMRセンターであり，2010年に設立されている。牧草，飼料用とうもろこしの播種，除草剤散布，収穫，TMRの製造，配送はコントラクターに委託し，施肥，ふん尿散布，牧草収穫の一部，サイレージ調製を構成員による共同作業として実施している。経産牛用のTMRは日乳量35kgメニュー1種類であり[注7]，販売単価は1,240円/頭・日である。Cセンターの前身は機械利用組合であり，機械利用組合の構成員4経営体に，地区の酪農経営6経営体が加わり，10経営体で設立されている。

　TMRセンター加入前における飼養管理の違いが収益性の格差をもたらしているという仮説に基づき，TMRセンター加入前における飼料給与内容から，構成員を類型化し，類型間で飼養管理及び収益性の変化を比較した。

　分析期間はCセンター設立直前の2007〜2009年とセンター設立後の2013〜2015年を対象とした。なお，この間，生乳価格及び個体販売価格は上昇しており，酪農経営の平均農業所得は増加傾向にある（表7-9）。

第7章　TMRセンターへの加入が牛乳生産費及び酪農経営の収益性に及ぼす影響

表7-8　飼養形態別にみた生乳生産の概況（C町）

	経営体数	1経営当り経産牛飼養頭数	濃厚飼料給与量	飼料費	乳量	平均産次	初産比率	平均分娩間隔	搾乳日数
	(経営体)	(頭/戸)	(kg/頭・日)	(千円/頭)	(kg/頭)	(産次)	(%)	(日)	(日)
夏季放牧	43	63	8	233	7,402	3.3	24.3	435	204
舎飼	45	111	11	285	8,704	2.8	30.3	436	195
TMRセンター構成員	32	98	14	444	9,878	2.6	33.6	436	197
うち，Cセンター	10	73	14	475	9,669	2.6	32.6	431	209

資料：乳用牛群検定成績（2015年，C町）より作成。
注：搾乳日数は分娩日から検定日までの日数を示す。

表7-9　生産物価格及び農業所得の推移

	実搾乳量1kg当り生乳価額	1頭当り子牛価額	平均農業所得
	(円/kg)	(円/頭)	(千円/戸)
2007年	72	70,479	6,053
2008年	77	61,943	6,480
2009年	81	64,530	11,078
2010年	78	74,864	9,050
2011年	80	73,805	8,374
2012年	83	78,872	8,492
2013年	83	89,605	9,985
2014年	88	93,930	11,866
2015年	93	134,938	16,133
2007～2009年平均	77	65,651	7,870
2010～2012年平均	80	75,847	8,639
2013～2015年平均	88	106,158	12,661

資料：畜産物生産費統計，営農類型別経営統計

　表7-10にセンター加入前の飼料給与内容を示した。センター加入前の飼料給与内容から，Cセンターの構成員をaグループ（TMR給与・一群管理（濃厚飼料給与量多）），bグループ（TMR給与・一群管理（濃厚飼料給与量少）），cグループ（分離給与・個体管理）に類型化し，飼養管理の変化及び収益性の変化を類型間で比較する。なお，aグループに属する3経営体及び

第2部　土地利用型酪農におけるTMRセンターの機能

表7-10　センター加入前の飼料給与内容

No.	飼養形態	牛舎形態	給与形態	濃厚飼料給与量(kg/頭・日)	粗飼料形態	粗飼料種類	粗飼料収穫・調製
a1	舎飼	FS	TMR・一群	13	細切	牧草，とうもろこし	共同
a2	舎飼	FS	TMR・一群	13	細切	牧草	共同
a3	舎飼	FS	TMR・一群	15	細切	牧草	共同
b1	舎飼	TS	TMR・一群	9	細切	牧草	共同
b2	舎飼	FS	TMR・一群	8	細切	牧草	共同
c1	舎飼	FS	分離・個体	10	ロール	牧草	個別
c2	舎飼	FS	分離・個体	10	ロール	牧草	個別
c3	舎飼	ST	分離・個体	7	ロール	牧草	個別
c4	放牧	TS	分離・個体	7	ロール	牧草	個別・委託

資料：聞き取り調査（2016年）により作成。
注：FS：フリーストール，TS：タイストール，ST：スタンチョン。

　bグループに属する1経営体は，Cセンターの前身である機械利用組合の構成員である。
　表7-11にCセンター構成員の経営概況を示した。b，cグループは経産牛飼養頭数80頭未満の中小規模経営群であり，特に，cグループは家族労働力が少ないという特徴がみられる。なお，TMRセンターの共同作業への出役時間については，各構成員の保有労働力を勘案して決定されている[注8]。
　表7-12にTMRセンター加入の目的を示した。9経営体中8経営体の構成員は，TMRセンター加入の目的として，粗飼料生産の省力化を挙げる（**表7-12**）。これに対し，過半がセンター加入により労働時間が減少したと評価する一方，繁殖成績の悪化や乳牛供用年数の減少といった問題点も指摘されている。なお，cグループの4経営体のうち3経営体は増頭する意向を持っている。
　表7-13に類型別にみた飼養管理を示した。経産牛用のTMRは1種類であることから，TMRセンター加入に伴い，構成員間の飼料給与量や飼料給与方法は均一化する一方，その他の飼養管理については，b，cグループは，aグループに比べて，観察回数が少ない，初回授精日が遅い，発情監視のため

第7章　TMRセンターへの加入が牛乳生産費及び酪農経営の収益性に及ぼす影響

表7-11　Aセンター構成員の経営概況（2015年）

No.	経営主年齢	後継者	労働力	うち、オペレータ	センター出役時間	乳牛飼養頭数 経産牛	乳牛飼養頭数 育成牛	所有農地	牛舎形態	牛床数（搾乳牛）
	（歳）		（人）	（人）	（時間）	（頭）	（頭）	（ha）		（床）
a1	55	同居	4	2	269	94	91	107	FS	108
a2	61	同居	3	2	41	89	101	88	FS	98
a3	33	未定	4	2	251	86	84	98	FS	130
b1	63	無し	2	1	115	71	74	58	TS	70
b2	50	他出	3	1	131	59	43	70	FS	92
c1	51	未定	1	1	154	55	39	46	FS	56
c2	40	未定	2	1	129	49	59	52	FS	70
c3	63	同居	2	1	83	54	24	60	TS	54
c4	42	未定	2	1	114	76	60	77	FS	120

資料：聞き取り調査（2016年）により作成。
注：1）出役を要する主な作業は，施肥，ふん尿散布，牧草収穫の一部（ロール），サイレージ調製である。
　　　また，これ以外の拘束時間として，月1回のミーティングへの出席等がある。
　　2）FS：フリーストール），TS：タイストール。

表7-12　TMRセンター加入の目的

（単位：％）

	センター加入目的 粗飼料生産の省力化	センター加入目的 粗飼料の品質改善	センター加入目的 粗飼料不足の解消	センター加入による変化（自己評価）労働時間の減少	センター加入による変化（自己評価）乳量の増加	センター加入による変化（自己評価）繁殖成績の悪化	センター加入による変化（自己評価）乳牛供用年数の減少	増頭意向
a	67	33	33	33	100	33	33	33
b	100	50	0	50	100	100	50	50
c	100	25	0	75	100	100	100	75
計	89	33	11	56	100	78	67	56

資料：聞き取り調査（2016年）により作成。

の活動量計の使用率が低い，分娩監視のためのwebカメラの設置率が低い，乾乳期間が長いという特徴がみられる。さらに，cグループは，経産牛1頭当り敷料費が低いという特徴がみられる。

　表7-14に飼養管理の変化及び情報交換の状況を示した。b，cグループは，TMRセンター加入に伴い，飼養管理を変更している構成員が少ないという特徴がみられる。また，構成員間での飼養管理に関する情報交換は，前身で

第 2 部　土地利用型酪農における TMR センターの機能

表 7-13　類型別にみた飼養管理

	観察回数	発情監視回数	えさ押し回数	初回授精日の目安	活動量計使用	乾乳牛群分け	分娩房設置	webカメラ設置	Ca製剤投与	胎盤排出確認	乾乳期間	経産牛1頭当り敷料費
	(回)	(回)	(回)	(日)	(%)	(%)	(%)	(%)	(%)	(%)	(日)	(千円/頭)
a	6.3	2	4.0	42	100	100	67	67	67	100	45	16.5
b	2.0	2	4.5	55	0	50	100	50	100	100	60	20.5
c	2.5	2	4.0	53	100	150	50	0	100	150	56	9.1

資料：取引伝票（2015 年），共済データ（2015 年），聞き取り調査（2016 年）より作成．
注：1）初回授精日は，分娩から初回の受精までの日数を指す．初回授精日が短いほど，分娩間隔は短くなりやすい．
　　2）活動量計は，発情期における活動量の増加を感知するために用いる．
　　3）web カメラは，主に夜間の分娩監視のために設置されるカメラである．
　　4）Ca 製剤は，泌乳開始に伴う血中 Ca 濃度の低下を抑制するために投与する．
　　5）胎盤排出確認は，胎盤停滞の有無を確認する行為である．
　　6）乾乳期間は，分娩に備えて搾乳を休止する期間を指す．乾乳期間が長いと搾乳期間は短くなる．また，受胎が遅ければ，乾乳期間は長くなりやすい．
　　7）敷料は傷病予防のために必要とされ，経産牛 1 頭当り敷料費が高いほど，豊富に供されていることを示す．

表 7-14　飼養管理の変化及び情報交換の状況
（単位：%）

	飼養管理の変化					構成員間の情報交換
	観察	飼槽管理	繁殖管理	周産期管理	疾病管理	
a	33	33	67	67	67	100
b	50	0	0	0	0	50
c	25	0	50	25	25	0

資料：聞き取り調査（2016 年）により作成．

ある機械利用組合の構成員（主に a グループ）間でのみ行われている．
　表7-15に飼料給与及び産次数・繁殖・乳量の変化を，**表7-16**に経産牛頭数・淘汰率・牛床充足率の変化を示した．上記の通り，飼養管理に違いがみられる下で b，c グループは，a グループに比べて，平均分娩間隔，搾乳日数が長く，乳量が低いという特徴がみられる．さらに c グループにおいては，濃厚飼料給与量が増加する下で，平均産次数の低下，初産比率の増加，外部から購入する乳牛の増加，淘汰率，死廃率の増加，牛床充足率の低下がみられる．

126

第 7 章　TMR センターへの加入が牛乳生産費及び酪農経営の収益性に及ぼす影響

表 7-15　飼料給与及び産次数・繁殖・乳量の変化

		飼料給与		産次・繁殖・乳量				
		給与形態	濃厚飼料給与量(kg/頭・日)	平均産次(産次)	初産比率(%)	分娩間隔(日)	搾乳日数(日)	出荷乳量(kg/頭)
a	加入前	TMR	12	2.5	31	398	178	9,515
	加入後	TMR	14	2.5	34	396	191	10,127
b	加入前	TMR	9	3.3	23	427	191	7,505
	加入後	TMR	14	3.1	28	422	202	9,463
c	加入前	分離	9	3.0	25	408	204	6,743
	加入後	TMR	14	2.5	36	405	202	9,514

資料：乳用牛群検定成績（2009 年，2015 年），農協資料（2009 年，2015 年）より作成。
注：1）産次数は分娩の回数を示す。
　　2）初産比率は，経産牛に占める初産牛の比率を示す。初産牛は乳量が低い傾向にある。
　　3）分娩間隔，搾乳日数ともに長いことは，泌乳量の低い泌乳後期の牛が多いことを示す。

表 7-16　経産牛頭数・淘汰率・牛床充足率の変化

		経産牛飼養頭数(頭)	うち外部から購入(頭)	淘汰率(%)	うち死廃(%)	牛床充足率(%)
a	加入前	105	2	31	15	93
	加入後	103	4	38	23	93
	増減	-1	2	7	8	0
b	加入前	65	2	17	7	80
	加入後	65	1	27	16	83
	増減	1	-1	10	9	3
c	加入前	57	1	21	6	100
	加入後	61	10	34	17	88
	増減	5	9	14	11	-12

資料：生物台帳（2009 年，2015 年）より作成。
注：牛床充足率＝経産牛頭数/牛床数

表 7-17に経産牛 1 頭当り農業所得の変化の変化を示した。経産牛 1 頭当り農業所得は加入前後ともに a グループ，b グループ，c グループの順に高い。センター加入に伴い，a グループ，b グループの経産牛 1 頭当り農業所得は増加する一方，c グループの経産牛 1 頭当り農業所得は減少しており，格差は拡大している。c グループにおける経産牛 1 頭当り農業所得減少の要因と

第2部　土地利用型酪農におけるTMRセンターの機能

表7-17　経産牛1頭当り農業所得の変化

		経産牛1頭当り									総額
		農業収入	生乳	子牛	雑収入	経営費	流通飼料費	農機具・自動車費	建物費	乳牛償却費	農業所得	農業所得
		(千円/頭)	(千円/頭)	(千円/頭)	(千円/頭)	(千円/頭)	(千円/頭)	(千円/頭)	(千円/頭)	(千円/頭)	(千円/頭)	(千円)
a	2009年	887	730	96	77	698	273	51	38	89	189	20,090
	2015年	1,017	896	43	78	791	485	52	48	78	225	23,218
	増減	129	166	-53	1	93	212	2	10	-11	36	3,128
b	2009年	726	567	113	46	608	202	67	26	57	118	7,367
	2015年	1,021	841	105	75	855	450	51	24	63	166	11,268
	増減	295	275	-8	29	248	247	-16	-2	6	48	3,901
c	2009年	647	536	81	29	506	162	68	28	70	141	7,952
	2015年	948	841	38	70	811	462	46	52	94	137	8,361
	増減	301	305	-43	40	305	300	-21	24	24	-4	410

資料：取引伝票（2009年，2015年），固定資産台帳（2009年，2015年），生物台帳（2009年，2015年）より作成。
注：1）1頭当り育成費用及び成牛取得価格は調査対象地域における標準値を用い，2009年と2015年で変わらないものとした。
　　2）雑収入にはTMRセンターから支払われる出役労賃，機械賃借料，原料草販売収入が含まれる。

しては，流通飼料費の増加が最も大きく，子牛販売収入の減少，建物費，乳牛償却費の増加が同程度でそれに次ぐ。一方で，生乳販売収入，雑収入が増加[注9]し，農機具・自動車費は減少している。流通飼料費の増加は，濃厚飼料給与量が増加したこと，TMR単価に牧草等の収穫やTMR製造・配送に関する委託費用が含まれることによる。農機具・自動車費の減少は，牧草収穫に関する農業機械の減価償却費及び修理費が減少したことによる。建物費の増加はTMRの配送を受入れるために施設整備を行ったことによる。子牛販売収入の減少，乳牛償却費の増加は，乳牛の供用年数が減少したこと，外部からの乳牛の購入が増加したことによる。また，経産牛頭数の増加は微増にとどまる中で，生乳価格及び個体販売価格は上昇しているにもかかわらず，農業所得総額はほぼ横ばいとなっている。

第7章　TMRセンターへの加入が牛乳生産費及び酪農経営の収益性に及ぼす影響

第4節　小括

　牛乳生産費の組み替え集計及びTMRセンターに加入する大規模酪農経営の実態調査から，次の諸点を指摘できる。

　第一に，経産牛80頭以上層においてはTMRセンター加入による労働時間の減少と経産牛1頭当り乳量の向上，コスト低減の効果がうかがわれる。

　第二に，乳牛飼養頭数に比例して，成牛換算1頭当り耕地面積は縮小する傾向にあり，経産牛飼養頭数が200頭を超えるような大規模酪農経営層では経産牛1頭当り乳量や飼料効果の停滞がみられる。

　第三に，事例としたTMRセンターに加入する大規模酪農経営は，余剰農地を抱える中小規模酪農経営を構成員に含む[注10]TMRセンターへの加入により経産牛飼養頭数に対する耕地面積の不足を解消し，飼料効果を向上させて，高泌乳，コスト低減を実現している。

　第四に，事例とした畑地型酪農地帯のTMRセンターに加入する大規模酪農経営は，草地型酪農地帯のTMRセンターに加入する大規模酪農経営の事例に比べて，より低いコスト水準を実現している。

　一般に，乳牛飼養頭数に対して過剰な農地を抱える中小規模酪農経営は余剰粗飼料を外部に販売する場合が多いが，主にロール形態であり，品質に対する懸念があることから，地域内の大規模酪農経営における経産牛への飼料としては利用されにくい実態がある[注11]。これに対し，TMRセンターが構成員の農地を一元的に管理し，単収・品質を高めることによって，地域における自給飼料生産量を拡大するとともに，TMRの供給を通じて飼養頭数に応じて粗飼料を分配することにより，構成員間における粗飼料の過不足を解消することが可能である。

　以上から，余剰農地を抱える中小規模酪農経営を構成員に含むTMRセンターへの加入は，乳牛飼養頭数に対して耕地面積が不足する大規模酪農経営のコストを低減させるための手段として位置づけることができ，特に，草地型酪農地帯に比べて経産牛1頭当り耕地面積が小さい畑地型酪農地帯におい

て，効果が大きいと考えられる。

　ただし，中小規模酪農経営では，TMRセンター加入に伴う収益性の悪化がみられる。

　同一のTMRを給与する下でも，飼養管理が異なる中でaグループとb，cグループの間では，収益性格差が生じている。さらに，TMRセンター加入前に分離給与・個体管理を行っていたcグループでは，TMRセンター加入に伴い，生乳販売収入，雑収入が増加する一方，子牛販売収入が減少するとともに，建物費，乳牛償却費が増加し，経産牛1頭当り農業所得が減少している。

　すなわち，Cセンターの構成員間における収益性格差の要因として，TMRセンター加入に伴い，飼料給与方法が均一化する一方，その他の飼養管理は平準化されていないことを指摘できる。

　飼養管理の平準化を阻害する要因としては，Cセンターが飼養管理の同質な酪農経営から構成される機能的な集団ではなく，地縁的な集団であること，センター加入の主な目的が粗飼料生産の省力化であり，飼養管理の高度化までは意図されていないことを指摘できる。また，b，cグループにおいては，家族労働力の少なさが，飼養管理の高度化を阻害していると考えられる。泌乳量の増加に伴い，発情兆候が弱まるととともに，疾病が発生しやすくなるため，より多くの観察時間が求められるようになるが，aグループに比べて，相対的に労働力が少ないことから，観察回数を増やすことが難しいと考えられる。また，多くは労働力が2名以下であることから，TMRセンターの共同作業への出役時に，女子労働力が飼養管理に当たらなければならない，または飼養管理に当たる労働力がいない状況が生じている。さらに，bグループとcグループの差の要因としては，TMR給与への移行に伴い必要となった施設投資額の差やTMR給与技術の習熟度の違いが考えられる。

　これらのことから，求められる飼養管理技術の違いが大きく，家族労働力の少ない草地型酪農地帯の中小規模経営（多くはロールベールサイレージの分離給与を行っている）が，粗飼料生産の省力化を主な目的として，共同出役のあるTMRセンターに加入すると，収益性が悪化しやすいと考えられる。

第 7 章　TMR センターへの加入が牛乳生産費及び酪農経営の収益性に及ぼす影響

　こうした状況の回避に向けた対策として，以下を挙げることができる。

　第一に，TMRセンターは，（本章で対象としたaグループのような）志向する飼養管理が同質である機能的集団によって設立されることが望ましい。粗飼料生産の省力化のみが目的であるならば，サイレージ生産までの作業委託や共同作業等，他の選択肢を検討する必要がある[注12]。

　第二に，構成員による情報交換，バーンミーティング[注13]等を通じて，飼養管理の平準化を図ることが重要になる。さらに，Cセンターにおいては，2015年に開始された哺育・育成事業を通じた育成牛均質化の効果が今後期待される。

　第三に，多様な酪農経営によって設立されたTMRセンターにおいては，TMR製造・配送コストの上昇にはつながるが，必要に応じて各構成員の乳量水準に応じた複数のTMRを供給することも検討する必要がある。

注1）乳牛飼養経営体数に占める経産牛200頭以上層の割合は十勝地域において9.5％（平成29年度十勝畜産統計），根室地域において3.7％である（平成27年度根室生産連データ）。

注2）中辻（2008）は，乳牛1頭を飼養するために必要な土地面積を，根室地域（グラスサイレージのみ）で80a/頭，十勝地域（グラスサイレージ＋とうもろこしサイレージ）で58a/頭としている（サイレージ通年給与の場合）。

注3）B町における経産牛飼養頭数200頭以上のB4，B5経営は，搾乳牛舎・施設の更新時期を迎えている下で，農機具・建物・自動車費が低い水準となっていることに留意する必要がある。

注4）金子ら（2014）は，低乳価・高資材価格の条件下で，TMRセンターとしての資本蓄積よりも酪農経営の利益を優先し，TMR単価を引き下げる事例について報告しているが，本章において対象としたAセンター，Bセンターは，粗飼料の収穫作業を外部のコントラクターに委託していることから，TMR単価を引き下げる余地が少なく，Bセンターは割戻し・値引を行っていない。

注5）A6経営，B5経営いずれにおいてもTMRセンター加入に伴うTMR設定乳量の変更はない。

第 2 部　土地利用型酪農における TMR センターの機能

注 6 ）育成牛飼養に係る労働負担軽減，及び育成牛の均質化による構成員間の生産性格差解消を目的として2015年に開始した。調査対象年は哺育・育成預託事業開始初年目であることから，搾乳部門に対する効果は生じていない。

注 7 ）飼料設計は，構成員の中で，最も乳量水準が高く，飼養管理技術水準が高いとみなされている酪農経営（a1経営）における経産牛のモニタリングに基づき，行われている。

注 8 ）a2経営は，経営主がTMRセンターの代表取締役社長であり，別途業務の負担があることから，共同作業への出役時間が短い。

注 9 ）雑収入の増加は，TMRセンターから支払われる出役労賃，機械賃借料収入，原料草販売収入による。

注10）北海道TMRセンター連絡協議会・北海道農業研究会酪農部会によるアンケート調査（2019）によると，アンケートに回答した43センターのうち19センターが，現在，あるいは今後の課題として農地の余剰化を挙げている。

注11）清水池（2018）は，ロールベールサイレージはロール毎の品質格差が大きい上に，実際に開封する以外に発酵品質を確認する方法がないことから，余剰品扱いで輸送費程度の価格にしかならないことが多いとしている。それにもかかわらず，中小規模酪農経営が飼養頭数に対して過剰な農地を抱える理由としては，豊凶変動への対応や中山間地域等直接支払交付金の受給等が考えられる。

注12）cグループの 4 経営体は，いずれも家族労働力の減少や増頭を契機として，飼料生産の外部化を検討していた時期と集落内でTMRセンター設立時期が重なったことから，センターに参加することを選択している。その際，必ずしもコントラクターへの委託等の代替手段との比較検討はなされていない。

注13）バーンミーティングとは，牛舎で牛をみながら飼養管理等について議論することを指す。

第8章　道北酪農地帯における酪農生産基盤の維持に向けて TMRセンターに求められる機能と課題

第1節　課題

　これまで，北海道では政策的な草地開発や施設整備の下で生産を拡大しており，特に，根釧地域，天北地域といった草地型酪農地帯はその典型であるとされてきた。しかし，近年，道北・草地型酪農地帯における乳牛飼養頭数規模拡大は停滞する一方，乳牛飼養戸数の減少には歯止めがかからず，乳牛飼養頭数は減少している。

　道北・草地型酪農地帯では，これまで，家族経営が生産の中核を担ってきたが，近年，各地でTMRセンター，さらには，大規模な法人経営が相次いで設立されており，酪農経営は多様化している。

　そこで，本章では，協業法人やTMRセンターが設立されている道北・草地型酪農地帯のA町B地区を対象とした悉皆調査に基づき，酪農生産基盤（酪農生産の基礎となる土地及び牛舎・サイロ等の施設）維持に向けてTMRセンターに求められる機能について明らかにするとともに，TMRセンターの持続安定化に向けた課題について検討する。

第2節　対象地域の概況

　表8-1に，乳牛飼養経営体数，乳牛飼養頭数の推移を示した。2005年から2015年にかけて，乳牛飼養経営体数は，いずれの地域でも2～3割の減少がみられる。乳牛飼養頭数の変化には地域差があり，十勝地域では，1経営体当り乳牛飼養頭数が拡大する下で乳牛飼養頭数が増加しているのに対し，そ

第 2 部　土地利用型酪農における TMR センターの機能

表 8-1　地域別にみた乳牛飼養経営体数の推移

(単位：経営体，頭，頭/経営体)

		2005 年	2010 年	2015 年	増減率 2005-2015 年
飼養経営体数	北　海　道	8,572	7,564	6,479	-24
	十　　　勝	1,844	1,621	1,393	-24
	オホーツク	1,330	1,130	940	-29
	根　　　室	1,523	1,406	1,258	-17
	釧　　　路	1,178	1,048	893	-24
	天　　　北	1,005	889	770	-23
	A　　　町	69	61	60	-13
	B　地　区	25	21	20	-20
飼養頭数	北　海　道	830,110	866,058	796,524	-4
	十　　　勝	207,072	235,280	224,033	8
	オホーツク	116,451	120,694	109,389	-6
	根　　　室	175,302	183,559	170,264	-3
	釧　　　路	121,368	129,567	114,400	-6
	天　　　北	87,702	84,062	78,738	-10
	A　　　町	7,061	7,955	7,862	11
	B　地　区	2,626	3,417	3,557	35
平均飼養頭数	北　海　道	97	114	123	27
	十　　　勝	112	145	161	43
	オホーツク	88	107	116	33
	根　　　室	115	131	135	18
	釧　　　路	103	124	128	24
	天　　　北	87	95	102	17
	A　　　町	102	130	131	28
	B　地　区	105	163	178	69

資料：農林業センサスより作成。

　の他の地域では乳牛飼養頭数は減少しており，中でも，天北地域における減少率が高い。一方で，A町及びB地区は，天北地域全体の傾向とは異なり，1経営体当り乳牛飼養頭数が増加する下で，乳牛飼養頭数は増加している。

　このような差異が生じる要因の一つとして，A町における協業法人及びTMRセンターの存在を指摘できる。A町では，3つのTMRセンター，2つ

第8章　道北酪農地帯における酪農生産基盤の維持に向けて TMR センターに求められる機能と課題

表8-2　TMRセンター加入状況別にみた経産牛頭飼養頭数の推移（A町）

		実数				構成比			
		2000年(頭)	2005年(頭)	2010年(頭)	2015年(頭)	2000年(%)	2005年(%)	2010年(%)	2015年(%)
非加入	家族経営	3,121	3,192	2,831	2,754	71	68	58	57
加入	家族経営	968	1,030	1,231	1,241	22	22	25	26
	協業法人	330	493	788	819	7	10	16	17
	小　計	1,298	1,523	2,019	2,060	29	32	42	43
	計	4,419	4,715	4,850	4,814	100	100	100	100

資料：農協資料より作成。
注：2015年時点の形態によって，酪農経営を分類した。

表8-3　経産牛頭数規模別にみた経営体数の推移（A町）（2000-2005年）

(単位：経営体，%)

経産牛飼養頭数		2005年						計	構成比		
		法人加入	離農	〜49頭	50〜79頭	80〜99頭	100〜149頭	150頭〜		離農縮小	維持	拡大
2000年	法人設立							1	1	-	-	-
	新規参入			2					2	-	-	-
	〜49頭	1	5	19	5				30	17	63	17
	50〜79頭	2	1	5	23	6	1		38	16	61	18
	80〜99頭				3	1			4	0	75	25
	100〜149頭					2	1		3	0	67	33
	150頭〜						1		1	0	100	-
	計	3	6	26	28	9	4	3	79	14	59	18

資料：農協資料より作成。

の協業法人が設立されており，TMRセンター非加入経営群が飼養する経産牛頭数が減少する一方で，TMRセンターの構成員である家族経営，協業法人が飼養する経産牛頭数は増加しており，2015年時点で43％を占めるに至っている（表8-2）。

また，協業法人及び3つのTMRセンターが設立された2010年から2015年にかけては離農経営体数と新規参入者数がほぼ均衡しており（表8-3，表8-4，表8-5），農業経営体数の減少は鈍化している。ただし，50歳未満の農

第 2 部　土地利用型酪農における TMR センターの機能

表 8-4　経産牛頭数規模別にみた経営体数の推移（A 町）（2005-2010 年）

（単位：経営体，%）

経産牛飼養頭数		2010年						計	構成比		
		法人加入	離農	～49頭	50～79頭	80～99頭	100～149頭	150頭～		離農縮小	維持	拡大
2005年	法人設立							1	1	-	-	-
	新規参入				1				1	-	-	-
	～49頭	1	4	19	2				26	15	73	8
	50～79頭	1	1	4	17	4		1	28	18	61	14
	80～99頭	1	2	1	1	2	2		9	44	22	22
	100～149頭				1	1	2		4	50	50	0
	150頭～							3	3	0	100	-
	計	3	7	24	22	7	4	5	72	21	56	11

資料：農協資料より作成。

表 8-5　経産牛頭数規模別にみた経営体数の推移（A 町）（2010-2015 年）

（単位：経営体，%）

経産牛飼養頭数		2015年						計	構成比		
		法人加入	離農	～49頭	50～79頭	80～99頭	100～149頭	150頭～		離農縮小	維持	拡大
2010年	法人設立								0	-	-	-
	新規参入			3					3	-	-	-
	～49頭		3	18	3				24	13	75	13
	50～79頭		1	4	16	1			22	23	73	5
	80～99頭			1	2	4			7	43	57	0
	100～149頭						4		4	0	100	0
	150頭～							5	5	0	100	-
	計	0	4	26	21	5	4	5	65	17	65	6

資料：農協資料より作成。

業経営者が減少し，60歳以上の農業経営者が増加している（図8-1）。

第8章　道北酪農地帯における酪農生産基盤の維持に向けて TMR センターに求められる機能と課題

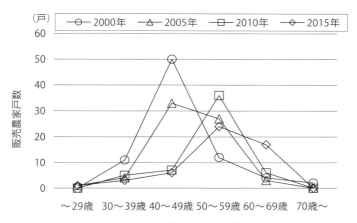

図8-1　経営者の年齢別販売農家戸数の推移（A町）

資料：農林業センサスより作成。

第3節　類型別にみた酪農経営の特徴と課題

　表8-6にA町B地区における酪農経営の概況を示した。A町B地区にはTMRセンターが設立されており，約半数はTMRセンター加入経営である。TMRセンター加入経営群には，2つの協業法人が含まれ，2法人でB地区における乳牛飼養頭数の約4割を占める。TMRセンター加入経営群の過半数はフリーストール牛舎を利用しており，いずれも機械給餌を行っている。一方，TMRセンター非加入経営群の多くは，雇用労働力を導入していない家族経営であり，経産牛80頭以下の中小規模酪農経営が中心である。また，4経営体は新規参入者である。協業法人を除いて，現時点で後継者を確保しているのは1経営のみである。TMRセンター非加入経営群では，1960～1980年代に建てられた繋ぎ牛舎を利用している経営が多く，人力給餌も多くみられる。

　表8-7に調査対象経営の土地利用について示した。1頭当り面積の経営間格差が大きく，特にTMRセンター非加入経営群において，利用面積率の低

第 2 部　土地利用型酪農における TMR センターの機能

表 8-6　TMR センター加入況別にみた調査対象経営の概要

			No.	経営主年齢(歳)	後継者	家族労働力 基幹(人)	補助(人)	雇用労働力(人)	乳牛 経産(頭)	(年)(頭)	施設 建築(年)	搾乳機	給餌方法	哺育育成預託	備考
非加入	放牧	繋ぎ	1	72	無し	3	0	0	38	19	1967	PL	人力	有り	
			2	46	未定	2	0	0	42	37	不明	PL	機械	有り	新規参入
			3	48	未定	2	0	0	46	20	不明	PL	機械	有り	新規参入
	舎飼	繋ぎ	4	55	未定	2	0	0	43	36	1971	PL	人力	有り	
			5	48	未定	4	0	0	61	9	1977	PL	人力	有り	
			6	63	有り	3	0	0	80	28	1985	PL	人力	有り	新規参入
			7	56	無し	3	0	0	134	18	1969	MP	人力	有り	
		FS	8	61	無し	1	0	1	60	0	1987	MP	機械	無し	
			9	39	未定	2	1	2	155	55	2015	MP	機械	無し	
加入	舎飼	繋ぎ	10	34	未定	4	0	0	35	29	1967	PL	機械	無し	
			11	40	未定	1	0	0	46	35	1987	PL	機械	有り	新規参入
			12	60	無し	2	0	0	121	75	2003	PL	機械	有り	
		FS	13	43	未定	2	0	0	89	47	2011	搾ロボ	機械	有り	新規参入
			14	47	未定	3	0	1	229	157	2007	MP	機械	有り	
			15	54	有り	3	0	5	348	258	2007	MP	機械	有り	協業法人
			16	69	有り	8	1	4	471	349	2006	搾ロボ	機械	有り	協業法人

資料：聞き取り調査（2017 年）より作成。
注：FS（フリーストール），FB（フリーバーン），PL（パイプラインミルカー），MP（ミルキングパーラー）

表 8-7　TMR センター加入状況別にみた調査対象経営の土地利用

			No.	草地面積(ha)	採草(ha)	放牧(ha)	兼用(ha)	1頭当り面積(ha/頭)	利用面積率 1番草(%)	2番草(%)	3番草(%)	牧草販売	牧草TMR購入	面積過不足(主観評価)	草地更新率(%)	収穫体系	飼料収穫
非加入	放牧	繋ぎ	1	60	48	12	0	1.26	92	50	0			適当	0	ロール	委託
			2	79	54	15	10	1.31	97	97	0			適当	2	ロール	個別
			3	60	40	13	7	1.07	100	100	0			適当	0	ロール	個別
	舎飼	繋ぎ	4	62	62	0	0	1.02	48	48	0	有り		過剰	5	ロール	個別
			5	70	70	0	0	1.07	100	100	0			適当	4	ロール	個別
			6	60	60	0	0	0.64	83	83	0	有り		不足	8	ロール	個別
			7	120	120	0	0	0.84	75	100	0	有り		過剰	1	ロール	共同
		FS	8	87	87	0	0	1.45	0	92	0	有り		過剰	11	ロール	個別
			9	140	140	0	0	0.77	64	64	50	有り		不足	7	細切り	個別
加入	舎飼	繋ぎ	10	14	14	0	0	0.29	100	100	0	有り		-	5	細切り	委託
			11	60	60	0	0	0.94	100	100	0	有り		-	5	細切り	委託
			12	100	100	0	0	0.63	100	60	0	有り		-	5	細切り	委託
		FS	13	47	47	0	0	0.42	100	100	0	有り		-	5	細切り	委託
			14	120	120	0	0	0.39	83	83	0	有り		-	5	細切り	委託
			15	330	330	0	0	0.69	98	98	0	有り		-	5	細切り	委託
			16	250	250	0	0	0.39	100	100	0	有り		-	5	細切り	委託

資料：聞き取り調査（2017 年）より作成。

第8章　道北酪農地帯における酪農生産基盤の維持に向けて TMR センターに求められる機能と課題

表 8-8　TMR センター加入状況別にみた調査対象経営の農業現金所得

			経産牛頭数	経産牛1頭当り							1経営体当り	専従者1人当り
				農業現金収入	生乳	個体販売	農業現金支出	飼料費	賃料料・委託料	雇用労賃	農業現金所得	農業現金所得	農業現金所得
			(頭)	(万円/頭)	(万円/頭)	(万円/頭)	(万円/頭)	(万円/頭)	(万円/頭)	(万円/頭)	(万円/頭)	(万円)	(万円/人)
非加入	放牧	繋ぎ	44	94	68	19	60	16	11	0	34	1,542	722
	舎飼	繋ぎ	80	108	79	19	73	32	5	2	36	2,943	969
		FS	85	112	89	16	85	36	6	3	27	2,282	1,519
加入	舎飼	繋ぎ	67	117	84	17	91	44	8	1	26	1,744	992
		FS	282	118	94	13	93	45	11	4	25	6,836	1,778
北海道平均			71	98	78	12	68	29	8	2	31	2,196	915

資料：クミカンデータ（2016年），平成28年度営農類型別統計より作成。

さ，面積の過不足が目立つ。過剰な農地を抱える経営がロールベールサイレージを販売する一方，農地が不足する経営は細切りサイレージを地域外から購入している。また，後継者不在のTMRセンター非加入経営群の中には草地更新率が2％以下と極めて低い事例もみられ，経営の継承を前提としない下で，草地への投資回避がうかがわれる。さらに，TMRセンター非加入経営群の多くは，個別あるいは共同で牧草収穫作業を行っている[注1]。これに対し，TMRセンター加入経営群では，後継者の有無にかかわらず，TMRセンターとして構成員の土地を一括して管理しており，一律5％の更新率となっている。また，牧草収穫作業はTMRセンターに委託している。

表8-8に調査対象経営の農業現金所得を示した。経産牛頭数の少ない放牧経営（夏季放牧を行う酪農経営）を除き，専従者1人当り農業現金所得は，北海道平均を上回る水準にある。ただし，このうち，TMRセンター加入経営群は，非加入経営群に比べて，経産牛1頭当りの現金支出（特に飼料費）が多いことから，経産牛1頭当りの収益性は劣る[注2]。

表8-9に，今後の目指す姿と課題を整理した。増頭の意向を示す経営はわずかに2経営のみであり，経営継承を前提とした投資を行う意向がある経営も3経営に過ぎない。課題としては，特に繋ぎ飼い牛舎を用いている経営の

第2部　土地利用型酪農におけるTMRセンターの機能

表8-9　TMRセンター加入状況別にみた調査対象経営の目指す姿と課題

		No.	目指す姿							課題					
			飼養頭数	飼養形態	施設		継承を前提とした投資	労働編成	飼料収穫	資金	技術	情報	労働力	支援体制	生活条件
					牛舎形態	搾乳機械									
非加入	放牧繋ぎ	1	維持	放牧	繋ぎ	PL		二世代	委託				○		
		2	維持	放牧	繋ぎ	PL		単世代	個別	○			○	○	
		3	維持	放牧	繋ぎ	PL		単世代	個別				○		
	舎飼繋ぎ	4	維持	舎飼	繋ぎ	PL		単世代	個別				○		○
		5	維持	舎飼	繋ぎ	PL		単世代	個別				○	○	○
		6	維持	舎飼	繋ぎ	PL		単世代	個別				○		
		7	離農	-	-	-	-	-	-	-	-	-	-	-	-
	FS	8	離農	-	-	-	-	-	-						
		9	増頭	舎飼	FS	MP	○	単世代＋雇用	個別						
加入	繋ぎ	10	維持	舎飼	繋ぎ	PL		単世代	委託					○	○
		11	維持	舎飼	繋ぎ	PL		単世代	委託				○		
		12	離農	-	-	-	-	-	-						
	舎飼FS	13	維持	舎飼	FS	搾ロボ		単世代	委託					○	
		14	維持	舎飼	FS	MP		単世代＋雇用	委託	○	○		○	○	
		15	増頭	舎飼	FS	MP	○	協業＋雇用	委託						
		16	維持	舎飼	FS	搾ロボ	○	協業＋雇用	委託						

資料：聞き取り調査（2017年，2019年）より作成。
注：FS（フリーストール），FB（フリーバーン），PL（パイプラインミルカー），MP（ミルキングパーラー）

大半で労働力の不足が挙げられる。

　以上の通り，A町B地区では，特に後継者未定（不在）のTMRセンター非加入経営群において，施設投資の停滞とその下での労働力不足，土地利用の粗放化，農地の過不足といった課題が生じており，酪農生産基盤の適切な維持管理，継承が危ぶまれている。

第4節　TMRセンターの機能と課題

1）Bセンターの概要

　A町B地区におけるTMRセンター（以下，Bセンター）の設立経緯は以下の通りである。かつて，A町B地区では，5つの班からなる機械利用組合の下で，共同作業による牧草収穫，サイレージ調製（スタックサイロ，タワー

第8章　道北酪農地帯における酪農生産基盤の維持に向けてTMRセンターに求められる機能と課題

サイロ）が行われていた。しかし，サイレージ品質や共同作業へ出役に対する不満から，個別で収穫・調製可能なロールベールサイレージ体系を導入し，機械利用組合から脱退する経営が現れた。このため，粗飼料生産体制を再編する必要性が生じた。また，あわせて，当時は多くの経営において人力給餌が行われており，給餌作業の省力化が望まれていた。これらの問題への対策として，1年間の検討期間を経た後，飼料自給力強化支援事業（5割補助）を活用して，Bセンターを設立することとなった。Bセンター設立に際しては，B地区の全経営体に対して加入の勧誘が行われたが，最終的に構成員となったのは，主に，第1班，第3班，第4班に属する経営である。

　Bセンターの主な事業は，施肥，ふん尿散布，牧草収穫，サイレージ調製，草地更新，TMR製造・配送であり，構成員の出役による共同作業及び地元運送業者Xへの委託によって行われている。構成員の乳量水準に応じて，経産牛用だけで日乳量25kg～42kgの6種類のTMRが製造され，毎日バラ配送されている。

2）Bセンターの機能
(1) 粗飼料生産に係る労働及び投資負担の軽減

　Bセンター設立以前は，機械利用組合の下で，自走式ハーベスターによる細切りサイレージ体系での収穫・調製を共同作業で行っていた。しかし，主にスタックサイロでの貯蔵を行っていたことから，作業能率やサイレージの品質に問題を抱えていた。

　これに対し，Bセンターを設立し，5割補助の飼料自給力強化支援事業を利用することで投資の負担を軽減しつつ，新たに大型のモア－コンディショナー2台，自走式ハーベスター2台，バンカーサイロ21基等を導入することで作業能率の向上，サイレージ品質の改善が実現している。また，作業の一部は運送業者に委託され，労働負担が軽減されている。さらに，個々の経営で飼料庫やスキッドローダーを整備するとともに，BセンターがTMRの製造・配送を行うことで，給餌作業の省力化も実現している。

第 2 部　土地利用型酪農における TMR センターの機能

(2) 粗飼料の過不足解消と農地の利用・維持管理

Bセンターでは，構成員の農地について，所有と利用を分離し，粗飼料生産，草地の維持管理を行っている。このため，乳牛飼養頭数当り所有面積には，構成員格差があるが，Bセンターとして一括して利用し，TMRとして販売することで，粗飼料の過不足は解消されている。また，農地の所有者の意向にかかわらず，年間40〜50ha程度の完全更新を行っており，これにより，特に離農予定者が所有する農地における牧草率低下を回避している。

(3) 離農跡地の受け皿と新規参入者の受入支援

Bセンターでは，これまで2経営体の新規参入者を構成員として受入れている（No.11，No.13経営）。うち，No.13経営は，離農した元構成員の資産を継承して，居抜きで参入している。No.13経営が参入するにあたって，Bセンターは，元構成員の資産（施設，乳牛，農地）を管理するとともに，No.13経営の経営者をBセンターの常勤従業員として雇用し，その後，構成員として独立就農させるという仲介機能を果たした（図8-2）。また，No.11経営が就農に際して取得した農地は，元の所有者（非構成員）が離農後，1年間，Bセンターで賃借し，管理していた。No.11経営，No.13経営ともに，就農後はBセンターからTMRを購入することで，粗飼料生産に要する技術

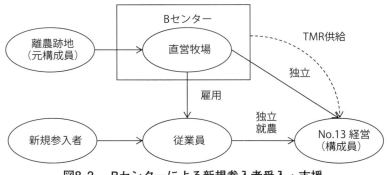

図8-2　Bセンターによる新規参入者受入・支援

習得，投資の負担を回避するとともに，搾乳に特化することでワンマン営農を行うことが可能となっている（いずれも妻は酪農に従事していない）。また，Bセンターとしても，両者を受け入れることで施設の稼働率低下を回避することができている。

（4）雇用労働力の確保と酪農ヘルパーサービスの提供

　Bセンターでは，現在，作業を委託している地元運送業者の縮小意向を受けて，2019年から，派遣職員1名を受け入れ，夏季は粗飼料生産のオペレータに，冬季は構成員の乳牛飼養の補助に従事させる予定である。TMRセンターと構成員である酪農経営が連携する下で，粗飼料生産のオペレータ業務と酪農ヘルパー業務を組み合わせることで，周年就業を実現し，雇用労働力を確保することが可能となっている。また，これにより，構成員は酪農ヘルパーサービスの提供を受けられる。今後は，さらに雇用労働力を3～4名まで増員する意向である。

3）Bセンターの課題

　一方で，Bセンターの持続安定化に向けては，いくつかの課題がある。

　第一に，構成員である酪農経営の収益性の低さである。上述した通り，Bセンターの構成員は，支出（特に飼料費）が個別経営に比べて大きく，収益性は劣る。高乳価の下で，現時点では，十分な農業現金所得を得られているが，乳価変動に対応するため，乳量向上またはコストの低減が求められる。

　第二に，財務の安全性の低さである。Bセンターでは，これまで，他のTMRセンターと同様，単年度収支が均衡するようにTMR単価を設定するとともに，剰余の割戻を行ってきたため，機械・施設の更新に向けた自己資本の蓄積が十分行われてこなかった。しかし，**表8-10**に示す通り，近年は，乳価や個体販売の向上による構成員の経営収支の改善に伴い，以前は行っていた割戻を縮小することで，経常利益が生じるようになり，自己資本が増加している（2017年の製造原価の減少と割戻の増加は，ふん尿施用に伴う肥培

第 2 部　土地利用型酪農における TMR センターの機能

表 8-10　B センターの損益・貸借の推移

		2015 年	2016 年	2017 年
損益	売上高	100	104	100
	飼料等売上高	103	104	101
	購入資材売上高	1	1	0
	牧草売上高	0	0	0
	売上値引・割戻高	-4	-1	-2
	製造原価	100	98	93
	購入飼料費	77	76	75
	原料草代	4	4	3
	賃金	0	0	0
	外注費	6	6	6
	肥料費	4	5	3
	修繕費	4	4	3
	賃借料	2	2	2
	油脂燃料費	2	2	2
	減価償却費	3	2	3
	添加剤費	2	2	2
	種苗費	0	0	0
	諸材料費	1	1	1
	販売管理費	2	2	2
	営業損益	-2	3	4
	営業外収益	1	1	2
	営業外費用	0	0	0
	経常損益	-1	4	6
	特別利益	3	3	6
	特別損失	0	3	5
	税引前当期純損益	1	4	7
	当期純損益	1	3	5
貸借	負債	85	64	70
	出資金	2	2	2
	繰越利益剰余金	11	13	18
	当期純損益	2	5	10
	負債・資本合計	100	84	100
	自己資本比率　　（％）	15	24	30

資料：B センター決算書より作成。
注：損益については 2015 年の売上高を 100，貸借については 2015 年の負債・資本合計を 100 として指数化した。

第8章　道北酪農地帯における酪農生産基盤の維持に向けて TMR センターに求められる機能と課題

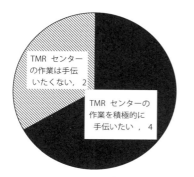

図8-3　TMRセンターの作業への関与意向

資料：Bセンターの構成員6名を対象にした聞き取り調査（2018年）より作成。

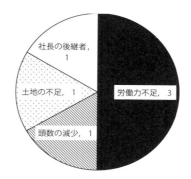

図8-4　TMRセンターの課題

資料：Bセンターの構成員6名を対象にした聞き取り調査（2018年）より作成。

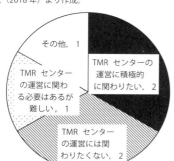

図8-5　TMRセンターの運営への関与意向

資料：Bセンターの構成員6名を対象にした聞き取り調査（2018年）より作成。

管理の見直しによる）。今後，オペレータの雇用に伴う原価の増加も予想されるが，TMRセンターの持続安定化に向けては，引き続き，自己資本を蓄積していく必要がある。

　第三に，労働力の確保である。Bセンターは設立当初は，粗飼料生産，TMR製造・配送作業の全面外部委託を想定していたが，いまだ実現には至っていない。むしろ，現在の委託先である地元の運送業者Xは，縮小の意向を示している。一方で，図8-3に示す通り，一部の構成員は，出役に対して消極的な姿勢を示している。また，図8-4に示す通り，TMRセンターの課題

145

として，労働力不足が最も多く挙げられている。今後は，TMRセンターとして，さらに労働力を確保していく必要がある。その際，常勤オペレータの安定確保に向けては，従業員から新規参入へのステップアップを可能とするようなキャリアパスの構築も必要になろう。

　第四に，TMRセンターの運営に携わる後継者の確保である。Bセンターでは，2004年に設立されて以来，代表が交代していない。一方で，**図8-5**に示す通り，各構成員はTMRセンターの運営への関与に消極的な姿勢をみせている。上記の課題に対応していくためには，代表の後継者の確保も必要となろう。

第5節　小括

　以上の通り，A町B地区では，特に後継者未定または不在のTMRセンター非加入経営群において，施設投資の停滞とその下での労働力不足，土地利用の粗放化，農地の過不足といった課題が生じている一方，TMRセンター及び協業法人によって，酪農生産基盤の維持と生産の拡大が行われている。

　TMRセンターは，土地，労働，資本を共同で保有・利用することにより，①大規模経営における農地不足の解消，②農地の適切な維持・管理，③酪農経営における飼料生産に係る労働・投資の負担軽減，④離農跡地の受け皿と新規参入者の受入支援，⑤雇用労働力の確保といった機能を発揮している（**表8-11**）。

　酪農専業地帯においても農業経営者の高齢化が進展しているが，酪農は耕種農業に比べて労働強度が高く，特に道北・草地型酪農地帯では生活面に課題を抱えやすいことから[注3]，高齢農家の営農継続が困難化しやすいと考えられる。また，このことは，特に後継者不在の経営における施設や農地への投資回避につながりやすく，酪農生産基盤の継承に問題を引き起こしやすい。

　このような状況を踏まえると，酪農生産基盤の維持に向けては，Bセンターのように，酪農経営の労働・投資負担軽減を図り営農継続を支援するとともに，離農跡地（施設，農地）を適切に管理しつつ，新規参入者に継承し

第8章　道北酪農地帯における酪農生産基盤の維持に向けて TMR センターに求められる機能と課題

表 8-11　B センターの機能

		TMR センター非加入経営群	TMR センター加入経営群
土地	利用	・大規模経営で不足→粗飼料購入 ・中小規模経営で過剰→粗飼料販売	・TMR センターとして集団的土地利用を行うことにより過不足を解消
	維持管理	・離農予定の経営では草地更新回避	・TMR センターとして計画的に更新 　（更新率 5％程度）
	継承	・個別に離農経営の農地を取得	・TMR センターとして離農経営の農地を取得し、新規参入者に継承
施設	取得	・サイロなし（ロールベールサイレージ）	・TMR センターとしてバンカーサイロを取得
	継承	-	・TMR センターとして離農者の施設を取得し、新規参入者に継承
労働力	調達	・雇用労働力の確保は困難	・TMR センターとして飼料生産と飼養管理を組み合わせることで雇用労働力の通年就業を実現
	利用	・飼料生産作業は個別または共同で実施	・TMR センターとして大型機械を導入することにより作業能率を向上 ・TMR センターとして飼料生産作業の一部を外部委託

ていく体制の構築が重要になると考えられる。

　地域の酪農生産基盤を維持していくためにも，構成員である酪農経営の収益性の低さ，財務の安全性の低さ，労働力の確保，運営に関わる後継者の確保といった課題を解決し，TMR センターの持続性を高めることが求められる。

注1）A町における牧草収穫作業を受託する組織は農協の畜産事業所が1組織，民間企業X社が1組織存在するのみである。農協の畜産事業所は，公共牧場及び酪農経営によって設立された機械利用組合が所有するハーベスターを利用し，A町における酪農経営の約3割から牧草収穫作業を，約5割からふん尿散布作業を，4割から草地更新作業を受託している。事業所のオペレータは農協職員であり，冬季は堆肥やリサイクル品の運搬，除雪などに従事している。また，一部の作業を他市町村のコントラクターに再委託している。一方，X社は，A町B地区に立地する運送業者であり，肥料や飼料の配送，スクールバスや福祉バスの運行を主な事業としており，後述するB地区のTMRセンターの牧草収穫・調製作業，TMR製造・配送作業を受託している。いずれの組織も，受託事業の拡大は計画しておらず，上記2組織に委託していない酪農経営は，個別あるいは共同作業で牧草

第 2 部　土地利用型酪農における TMR センターの機能

　　　　収穫作業を実施している。
　注 2 ）ただし，TMRセンター非加入経営群の現金支出には農機具・建物・自動車の減価償却費が含まれない一方，TMRセンター加入経営群の現金支出には，飼料費としてTMRセンターにおける農機具・建物・自動車の減価償却費が含まれることに留意する必要がある。
　注 3 ）岡田（2020）参照。

第9章　TMRセンターにおける雇用導入が自給飼料費用価に及ぼす影響と人材確保の課題

第1節　課題

　家族労働力の減少，飼養頭数規模の拡大に伴い，土地利用型酪農経営における粗飼料生産作業の外部委託が進展している。これまで，土地利用型酪農における酪農生産体制は，①コントラクター体制（1990～2000年），②機械利用組合がコントラクター・民間企業に委託する「三者間体制」（2000～2004年），③TMRセンターがコントラクター・民間企業に委託する「TMRセンター体制」（2004年～）へと発展してきたとされる（岡田，2016）[注1]。しかし，TMRセンターにおける粗飼料生産作業の委託先であるコントラクターや民間企業では，オペレータの就業期間が夏季に偏ることを背景として労働力確保が困難になっており，粗飼料生産受託事業からの撤退がみられる。常勤の粗飼料生産作業オペレータ（以下，常勤オペレータ）を雇用した場合における冬季の労賃負担はコントラクター体制時（1990～2000年）からの課題である（浦谷，1997）[注2]。

　これに対し，特に道北・草地型酪農地帯において，近年，常勤オペレータを雇用するTMRセンターがみられる。これらのTMRセンターにおいては，TMRセンターと酪農経営が連携することにより，粗飼料生産作業に加えて，TMR製造・配送，酪農ヘルパー等の就業機会を創出することで粗飼料生産部門における労賃負担の軽減が図られている。

　果たして，このようなTMRセンターは今後の粗飼料生産作業の受託主体たりえるのだろうか。これまで粗飼料生産作業を担ってきたコントラク

ター・民間企業が縮小・撤退する下で，常勤オペレータを雇用するTMRセンターの成立可能性を検討することは，今後の土地利用型酪農の持続性を左右する重要な課題である。

荒木（2005），日向（2008）は，構成員による共同作業の出役によって粗飼料生産を行うTMRセンターの自給飼料費用価を計測し，北海道平均よりも低い水準を実現していることを明らかにしている。特に荒木（2005）はTMRセンターを粗飼料生産のコスト低減に向けた革新的なシステムであるとしている。しかし，藤田ら（2016）は，構成員出役による共同作業からコントラクターへの外部委託への転換に伴いTMR製造費用（自給飼料費用価）が増加することを明らかにしている。常勤オペレータの雇用に伴い，自給飼料費用価のさらなる増加が懸念されるが，常勤オペレータを雇用するTMRセンターに関する知見は不足している。

そこで，本章ではTMRセンターにおける常勤オペレータ雇用が自給飼料費用価に及ぼす影響を明らかにするとともに，人材確保に向けた課題について検討する。

まず，常勤オペレータを雇用する5センターを抽出し，常勤オペレータ雇用の契機，常勤オペレータ雇用による作業体系，自給飼料費用価の変化を明らかにする[注3]。

さらに，常勤オペレータの属性と酪農ヘルパー従事意向の関係を分析し，多角化するTMRセンターにおいて求められる人材確保に向けた課題について検討する。

第2節　常勤オペレータを雇用するTMRセンターの特徴

表9-1に規模別にみたTMRセンターの従業員数及び関連作業の実施状況を示した。常勤オペレータを雇用するTMRセンターは供給頭数（経産牛）1,000頭以上の比較的大規模なセンターが半数を占める。また，構成員を対象とした粗飼料生産，TMR製造・配送の他に員外受託，粗飼料・TMR外部販売，哺育育成，酪農ヘルパー，生乳生産といった事業が実施されている。

第9章　TMRセンターにおける雇用導入が自給飼料費用価に及ぼす影響と人材確保の課題

表9-1　供給頭数規模別にみたオペレータを雇用するTMRセンター数及び関連事業実施率

TMR供給頭数（経産）	センター数（センター）	うち,オペレータ雇用（センター）	その他事業実施率						
			員外受託(%)	粗飼料・TMR外部販売(%)	哺育育成(%)	ヘルパー(%)	生乳生産(%)	新規参入研修(%)	その他(%)
～499頭	6	1	0.0	0.0	33.3	0.0	0.0	0.0	0.0
500～699頭	12	5	41.7	58.3	16.7	16.7	8.3	0.0	16.7
700～999頭	9	2	22.2	22.2	11.1	33.3	0.0	0.0	11.1
1,000頭～	14	8	21.4	28.6	21.4	14.3	7.1	14.3	14.3
計	41	16	24.4	31.7	19.5	17.1	4.9	4.9	12.2

資料：北海道TMRセンター連絡協議会・北海道農業研究会酪農部会によるアンケート調査（2019年）の個票を組み替え集計したものである。

表9-2　調査対象の概要

No.	地域	設立年（年）	形態	資本金（万円）	供給頭数（経産）（頭）	管理面積（ha）	構成員数（経営体）	従業員数（人）	うち,常勤オペレータ（人）	収穫作業委託先
A	天北	2015	株式	50	431	388	5	3	3	―
B	根室	2009	合同	1,000	762	613	8	4	1	運送業者
C	天北	2005	有限	600	1,367	957	8	1	1	運送業者
D	天北	2006	有限	2,275	1,380	1,580	15	10	3	コントラクター
E	根室	2006	有限	800	2,076	1,296	20	12	6	運送業者

資料：聞き取り調査（2020年）より作成。

うち，TMR製造・配送，員外受託，粗飼料・TMR外部販売，哺育育成，生乳生産は粗飼料生産と作業時期が競合する一方，酪農ヘルパーの作業時期は酪農経営との協議の下で柔軟に変更することができるため，粗飼料生産との兼務に適すると考えられる[注4]。

　以上を踏まえて，常勤オペレータを雇用し，かつ，酪農ヘルパー事業を導入している（あるいは導入を計画している）ことが確認された7センターのうち，調査協力が得られた5センターを抽出した（**表9-2**）。

第2部　土地利用型酪農におけるTMRセンターの機能

第3節　常勤オペレータ雇用に伴う作業体制の変化

　表9-3に常勤オペレータ雇用の契機を示した。設立時から常勤オペレータを雇用するAセンターを除いて，委託先の人員減少が常勤オペレータ雇用の契機となっている。また，Eセンターを除いて，現状の雇用人数は必要人数を下回っており，労賃負担を理由としてオペレータ確保に課題を抱えている[注5]。

　表9-4に常勤オペレータ雇用に伴う作業体制の変化を示した。減少する委託先の従事者数及び臨時オペレータに代替して，常勤オペレータ数が増加しているセンターが多い[注6]。

　ただし，図9-1に示すように粗飼料生産作業は7月中～下旬あるいは9月

表9-3　常勤オペレータ雇用の契機

No.	雇用年 (年)	雇用人数 (人)	必要人数 (人)	オペレータ雇用の契機
A	2015	3	5	設立時から雇用（構成員の出役負担軽減）
B	2017	1	1	委託先である運送業者における人員減少
C	2019	1	4	委託先である運送業者における人員減少
D	2019	3	6	委託先であったJAにおける作業受託事業縮小
E	2017	7	7	臨時雇用および委託先である運送業者における人員の減少

資料：聞き取り調査（2020年）より作成。
注：「必要人数」は，センターの代表取締役が粗飼料生産作業に必要と判断している常勤オペレータの人数を示す。

表9-4　常勤オペレータ雇用に伴う作業人数の変化

No.			A	B	C	D	E
ハーベスタ台数		(台)	1	1	2	2	2
構成員	雇用前	(人)	-	6	2	2	3
	雇用後	(人)	8	6	2	2	2
非常勤 オペレータ	雇用前	(人)	-	2	1	0	6
	雇用後	(人)	0	2	1	0	3
常勤 オペレータ	雇用前	(人)	-	0	0	0	0
	雇用後	(人)	3	1	1	3	6
外部 委託	雇用前	(人)	-	6	11	18	4
	雇用後	(人)	0	6	10	15	2

資料：各センターに対する聞き取り調査（2020年）より作成。
注：出役人数はバンカーサイロのシートかけを除く。

第9章 TMRセンターにおける雇用導入が自給飼料費用価に及ぼす影響と人材確保の課題

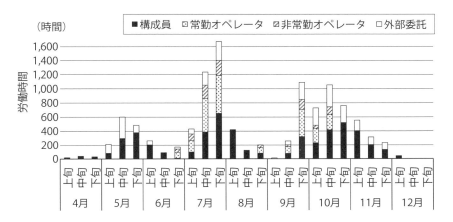

図9-1 Eセンターにおける粗飼料生産に係る旬別労働時間

資料：Eセンターの作業日報（2018年）より作成

表9-5 常勤オペレータの概要

	No.	年齢	性別	出身地	搾乳経験	冬季の業務	備考
A	A1	20歳代	男性	町内	有り	ヘルパー	元ヘルパー
	A2	50歳代	男性	町内	無し	ヘルパー	
	A3	40歳代	男性	町内	有り	TMR製造	元構成員
B	B1	60歳代	男性	町外（道内）	有り	ヘルパー	元農業者
C	C1	40歳代	男性	町外（道内）	無し	ヘルパー	人材派遣会社員
D	D1	20歳代	男性	町外（道外）	無し	機械整備	
	D2	30歳代	男性	町内	無し	機械整備	
	D3	50歳代	男性	町内	無し	TMR製造	
E	E1	30歳代	男性	町内	無し	機械整備	構成員子弟
	E2	30歳代	男性	町内	無し	ヘルパー	
	E3	40歳代	男性	町内	無し	TMR製造	
	E4	40歳代	男性	町外（道内）	無し	TMR製造	
	E5	50歳代	男性	町内	有り	ヘルパー	元農業者
	E6	50歳代	男性	町内	有り	機械整備	元委託先社員（元農業者）
	E7	50歳代	男性	町内	無し	TMR製造	

資料：各センターに対する聞き取り調査（2020年）より作成．
注：Eセンターでは7名のオペレータが在籍するが，同時に粗飼料生産作業に従事する人数は最大6名である．

第 2 部　土地利用型酪農における TMR センターの機能

下旬～10月下旬といった収穫時期に集中し，繁閑差が大きいことから，外部委託や非常勤オペレータに代替して常勤オペレータを雇用する場合，粗飼料生産作業に従事していない期間の労賃負担が問題になる。

　これに対し，表9-5に示すように，調査事例では常勤オペレータを冬季に酪農ヘルパーやTMR製造に従事させ，それらの部門で労賃を負担することで粗飼料生産部門の労賃負担軽減を図っている。なお，酪農ヘルパーに従事する常勤オペレータは元農業者や元酪農ヘルパーが多い。

第4節　常勤オペレータ雇用に伴う自給飼料費用価の変化

　表9-6に常勤オペレータ雇用に伴う自給飼料費用価の変化を示した。常勤オペレータ雇用に伴って，外部委託に係る賃借料及び料金が減少する一方，労働費が増加することから，10a当り自給飼料費用価は増加している場合が多い。ただし，常勤オペレータは粗飼料生産作業従事者の一部に留まること，粗飼料生産作業に従事していない期間の労賃をTMR製造や酪農ヘルパー等の他部門で負担していることから，賃借料及び料金の減少と労働費の増加による10a当り自給飼料費用の変化は－20～309円/10a（変化率0～4％）に抑えられている。また，常勤オペレータ雇用後においても10a当り自給飼料費用価は北海道平均を下回る水準となっている。

　Bセンターを例にとると，粗飼料生産作業に従事する場合の1時間当り労賃相当額（以下，労賃）と酪農ヘルパー業務に従事する場合の労賃は同一であり，構成員の出役労賃をやや上回る程度であること（表9-7），酪農ヘルパー部門の収支はほぼ均衡していることから，構成員の出役労働を従業員の労働に代替しても，粗飼料生産部門で負担する労賃は大きく変わらない（Eセンターも同様である）。

第9章　TMRセンターにおける雇用導入が自給飼料費用価に及ぼす影響と人材確保の課題

表9-6　常勤オペレータ雇用及び酪農ヘルパー兼務が自給飼料費用価に及ぼす影響

No.		年	10a当たり生産量 (kg/10a)	10a当たり費用価							ヘルパー兼務による労働費の変化 (円/10a)	労働費＋賃借料及び料金の変化 (円/10a)
				計 (円/10a)	種子費 (円/10a)	肥料費 (円/10a)	賃借料及び料金 (円/10a)	その他 (円/10a)	労働費 (円/10a)	固定財費 (円/10a)		
A	雇用後	2018	1,389	7,607	1,397	2,776	1,256	1,325	84	769	-595	-
B	雇用前	2015	2,662	8,232	2,127	1,536	627	1,834	0	2,108	-272	310
	雇用後	2017	2,365	9,195	2,206	2,781	857	1,686	66	1,599		
C	雇用前	2015	1,954	7,235	1,847	2,703	385	957	121	1,222	-152	-20
	雇用後	2020	1,889	7,037	1,697	2,810	516	816	82	1,117		
D	雇用前	2015	2,335	8,094	3,973	1,276	637	477	78	1,652		306
	雇用後	2020	2,078	11,331	3,857	2,133	1,059	703	105	3,473		
E	雇用前	2015	2,805	12,464	5,492	2,123	867	1,556	0	2,426	-315	204
	雇用後	2018	2,953	13,219	5,042	2,487	1,522	1,618	26	2,525		
北海道平均		2018	2,774	15,919	3,710	4,565	1,264	2,933		104	3,343	-

資料：総勘定元帳，固定資産台帳，出荷記録，作業日報及び聞き取り調査（2020年）により作成。
注：1）10a当り自給飼料費用価は常勤オペレータの労賃をヘルパー部門と按分した場合の値である。
　　2）「ヘルパー兼務による労働費の変化」は，常勤オペレータの労賃を粗飼料生産部門のみで負担した場合の値とヘルパー部門と按分した場合の値の差を示す。
　　3）Aは設立時から常勤オペレータを雇用している。
　　4）肥料費に自給きゅう肥は含めていない。
　　5）北海道平均の値は平成30年度畜産物生産費統計から引用した。なお，10a当り生産量については，調査対象は貯蔵ロスを除いた値，北海道平均は貯蔵ロスを含む値である。

表9-7　Bセンターにおける構成員及び常勤オペレータの1時間当り労賃

	労働時間 (時間)	労賃		ヘルパー部門収入	
		計 (円)	1時間当たり (円/時間)	計 (円)	1時間当たり (円/時間)
構成員	3,735	6,892,000	1,845	-	-
常勤オペレータ	2,076	4,071,943	1,962	-	-
うち粗飼料生産従事	712	1,397,202	1,962	-	-
うちヘルパー従事	1,364	2,674,741	1,962	2,643,750	1,939

資料：総勘定元帳（2017年），作業日報（2017年）より作成。
注：1）常勤オペレータの1時間当り労賃は年間支払額を従事時間で除すことによって求めた。
　　2）1時間当りヘルパー部門収入はヘルパー部門の年間収入額をヘルパー従事時間で除すことによって求めた。

第2部　土地利用型酪農におけるTMRセンターの機能

第5節　多角化するTMRセンターにおいて求められる人材確保に向けた課題

　ただし，**表9-8**に示すとおり，現状ではEセンターを除いて，酪農ヘルパー部門は確立されていない。Aセンター，Cセンターでは，酪農ヘルパー料金を利用者から徴収しておらず，酪農ヘルパー従事時の労賃をTMR製造・配送部門で負担している。Cセンターにおいて酪農ヘルパー料金を徴収できていない理由としては，サービスの質に対する不満が挙げられる[注7]。また，Dセンターでは酪農ヘルパー事業を計画したが，従業員の同意を得られず実施を中止している。さらに，Bセンターでは粗飼料生産作業と酪農ヘルパーを兼務できる従業員（元農業者であるB1）の離職に伴い，酪農ヘルパー事業を中止している。

　このように，従業員の意向，サービスの質に対する不満に起因し，酪農ヘルパー事業の拡大は困難な状況にあり，このことが従業員数を増やす上での制約となっている。

　そこで，酪農ヘルパー従事に前向きな意向を持つ従業員と後ろ向きの意向を持つ従業員を比較すると，前者は配偶者有り，牧場・酪農ヘルパー勤務経験有り，長期就業意向比率有りの比率が高く，仕事全般に対する満足度が高いという特徴がみられる（**表9-9**）。このことから，粗飼料生産作業と酪農ヘルパーを兼務できる従業員の確保に向けては牧場・酪農ヘルパー勤務経験者の雇用や，さらには職務満足度を向上させ，長期就業意向を高めた上で人材育成を行うことが重要になると考えられる。

表9-8　酪農ヘルパー事業の概要

No.	利用者	利用料金負担	収支	備考
A	一部の構成員	全ての構成員（TMR価格に含まれる）	-	料金負担のあり方について検討中
B	一部の構成員	利用者が負担	均衡	従業員（B1）の離職に伴いヘルパー事業は中止
C	全ての構成員	全ての構成員（TMR価格に含まれる）	-	サービスの質への不満から利用希望者がいない
D	-	-	-	従業員の同意が得られず，ヘルパー事業は断念
E	一部の構成員	利用者が負担	均衡	構成員におけるヘルパー需要はある（増員予定）

資料：各センターに対する聞き取り調査（2020年）より作成。

第9章　TMRセンターにおける雇用導入が自給飼料費用価に及ぼす影響と人材確保の課題

表9-9　酪農ヘルパー従事意向別にみた常勤オペレータの特徴

			計	ヘルパー従事意向	
				前向き	後ろ向き
	回答者数	(人)	14	3	11
比率	男性	(%)	92.9	100.0	90.9
	40歳未満	(%)	42.9	33.3	45.5
	配偶者有り	(%)	50.0	66.7	45.5
	勤続年数4年以上	(%)	28.6	0.0	36.4
	牧場・ヘルパー勤務経験有り	(%)	50.0	66.7	45.5
	就農希望意向有り	(%)	7.1	33.3	36.4
	長期就業意向有り	(%)	42.9	100.0	27.3
	仕事全般に対する満足度	(点)	3.2	4.0	3.0

資料：C，D，Eセンターの従業員に対するアンケート調査（2021年）（回収率61%）により作成。
注：仕事に対する満足度は非常に不満1点，やや不満2点，普通3点，やや満足4点，満足5点とした。

第6節　小括

　以上の通り，現状では，TMRセンターにおける常勤オペレータは粗飼料生産作業従事者の一部に留まること，粗飼料生産作業に従事していない期間の労賃を酪農ヘルパーやTMR製造等の他部門で負担していることから，常勤オペレータの雇用に伴う10a当り自給飼料費用価の変化率は1割に満たない。また，常勤オペレータ雇用後においても10a当り自給飼料費用価は北海道平均を下回る水準となっている。

　しかし，事例としたTMRセンターにおける現状の常勤オペレータ数は必要人数を下回っており，さらなる増員が望まれている。常勤オペレータの労賃を粗飼料部門のみで負担する場合，常勤オペレータの増員は構成員の飼料費増加を招くことから，冬季の就業機会確保のための多角化が重要になる。

　常勤オペレータの冬季における労賃負担のための新たな事業として酪農ヘルパーが期待されているが，調査事例においては従業員の意向，サービスの質に対する不満に起因し，必ずしも部門として確立されていない状況にある。

　酪農ヘルパー部門の確立に向けては，短期的には牧場・酪農ヘルパー勤務経験者を雇用すること，中・長期的には人的資源管理の改善を通じて職務満

第 2 部　土地利用型酪農における TMR センターの機能

足度を向上させ，長期就業意向を高めた上で，粗飼料生産作業オペレータと酪農ヘルパーを兼務できる人材育成を行っていくことが重要になると考えられる。ただし，TMRセンター単独での人材確保・育成には限界があるため，関係機関の連携の下，地域としての取組が必要になると考えられる。

注1） 岡田（2016）は，TMRセンターを委託主体である酪農経営と受託主体間の受委託を媒介する中間主体として位置づけている。また，民間企業を受託作業を主業とせず，主に労働力を提供する主体としている。

注2） なお，非常勤オペレータの雇用について，浦谷（1997）は主な供給源であった酪農家子弟への依存が困難になっていることを指摘している。また，氷見ら（2021）は草地型酪農地帯におけるコントラクターを対象とした実態調査から，非常勤オペレーターの確保がさらに困難になりつつあることを指摘している。北海道農政部（2022）によると，コントラクターのオペレータに占める非常勤職員（非農家）の比率は1割程度にすぎない。

注3） 常勤オペレータの雇用に伴い，常勤オペレータに支払う労賃の増加のみならず，外部委託に係る賃借料及び料金や構成員に支払う労賃の減少が想定されることから，両者を含む自給飼料費用価の変化を評価することとした。

注4） 浦谷（1997）においても，コントラクターにおけるオペレータの労賃負担軽減策のひとつとしてヘルパー部門の導入または酪農ヘルパー組織との連携が挙げられている。

注5） これらのTMRセンターは，構成員の出役負担を減らすために常勤オペレータの増員を検討している。

注6） Bセンターでは常勤オペレータ雇用に伴い，構成員の出役時間が減少している。

注7） これに対し，Eセンターでは各構成員の牛舎の特徴に対応した酪農ヘルパーのためのマニュアルを作成している．

第10章　牧草サイレージ生産原価の圃場間格差と
TMRセンターによる農地集積の経済性

第1節　課題

　草地型酪農地帯においては乳牛飼養戸数・頭数の減少に歯止めがかからず，草地の余剰化が懸念されている[注1]。

　これに対し，新たな農地集積及び牧草サイレージ供給の担い手としてTMRセンターが期待されている。荒木（2005），荒木（2006）は稲作限界地帯におけるTMRセンター[注2]が農地の引き受け手になるとともに，地域外に牧草サイレージを供給している実態を明らかにし[注3]，農地管理主体及び飼料供給基地として評価している。

　しかし，以下の理由から，水田地帯と草地型酪農地帯では農地集積の経済性は大きく異なると考えられる。第一に，水田活用の直接支払交付金や産地交付金等が支払われる水田に比べて，草地における飼料生産の交付金を含めた収益性は劣ると考えられる。第二に，草地型酪農は条件不利地域において展開したことから，不整形圃場や傾斜地圃場，排水不良圃場等，多様な圃場が存在し，圃場によって生産性や飼料生産コストの水準は大きく異なると考えられる。

　自給飼料費用価の地域間格差及び農家間格差に関する知見としては荒木・海野（2001）がある。また，生産性や経済性の圃場間格差に関する知見としては，稲作を対象にした平泉（1995）や松岡（1997），鶴岡（2001）等がある。一方で，牧草生産に関しては，一般に，中間生産物であることから収穫量のデータは把握されておらず，圃場毎の生産性や経済性の評価は困難であった。しかし，近年のGPSロガーの普及により，作業時間や収量データの取得が容易となり[注4]，圃場毎の牧草サイレージ生産原価を算出することが

可能となった。

　草地型酪農地帯におけるTMRセンターによる農地集積の可能性を検討する上では，生産性や経済性の圃場間格差も踏まえた評価が必要である。そこで，本章では草地型酪農地帯のTMRセンターを対象にして牧草サイレージの生産原価の圃場間格差を明らかにしたうえで，農地集積の経済性と課題について考察する。

　対象は，道東・草地型酪農地帯である根室管内の平地農業地域において1,000ha以上の農地を集積し，牧草サイレージの一部を外部に販売するAセンターである[注5]。

　まず，センター全体における牧草サイレージ生産原価を算出した上で，種子費，肥料費，農業薬剤費，その他諸材料費，賃借料及び料金（糞尿散布以外の委託費），草地費，地代，生産管理費を面積に応じて，それ以外の費用を作業時間に応じて各圃場に配賦し，各圃場の原物収量で除すことによって，圃場毎の牧草サイレージ生産原価を算出する。圃場毎の原物収量は，サイレージ販売量を収穫物の搬出に用いたダンプの台数に応じて配賦することで推定する。次に，算出された圃場毎の牧草サイレージ生産原価の格差の要因を分析するとともに，集積理由別にみた原価水準を明らかにし，販売価格と比較する。

　以上を通じて，道東・草地型酪農地帯におけるTMRセンターによる農地集積の経済性と課題について考察する。

第2節　対象の概要と農地集積の経緯

　道東・草地型酪農地帯の根室地域では地域の飼料作物収穫面積の10％以上をTMRセンターが担っており，飼料作物収穫面積に占めるTMRセンターシェア及びTMRセンターにおける成牛換算1頭当り面積は増加傾向にある（図10-1）。

　Aセンターは牧草サイレージ，とうもろこしサイレージの生産，TMRの製造・配送・販売を主な事業とするTMRセンターである。TMRの主な販売

第10章　牧草サイレージ生産原価の圃場間格差とTMRセンターによる農地集積の経済性

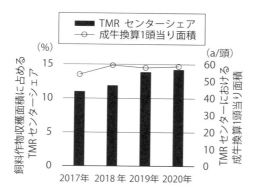

**図10-1　飼料作物収穫面積に占める
TMRセンターシェアの推移（根室地域）**

資料：北海道農政部資料により作成。

先は構成員である酪農経営である。1番草サイレージ及びとうもろこしサイレージは搾乳牛用TMRの原料として生産されているが，外部にも販売されている。2番草サイレージは主に外部に販売される他，育成または乾乳牛の飼料として構成員にも販売されている。Aセンターは農地を所有あるいは賃借せず，構成員から作業を受託するとともに原料草を購入する形態をとっているが[注6]，作付け，草地更新，作業，販売に関する意思決定を行っており，実質的な農地を集積している主体である。肥料散布以外の圃場作業，TMRの製造，配送はコントラクター[注7]及び運送業者に委託している。

表10-1にAセンターの利用面積，構成員数，供給頭数の推移を示した。新規参入者の受入れによる構成員数，供給頭数の増加に伴い，利用面積も増加している。さらに，近年は地域の要請に応じた離農跡地の引受けもみられ，成牛換算飼養頭数1頭当りの利用面積は増加している。現在のAセンターの利用面積，サイレージ生産量について，構成員はTMR供給頭数に対して過剰であると判断しており，サイレージの一部を外部に販売している[注8]。

161

表10-1　Aセンターにおける構成員数・供給頭数の推移

	構成員数	TMR 供給頭数		利用面積	成牛換算1頭当り利用面積	利用面積増減の主な理由
		経産牛	育成牛			
	(経営体)	(頭)	(頭)	(ha)	(a/頭)	
2012年	12	950	810	858	63	
2013年	12	1,028	813	835	58	
2014年	14	1,070	803	816	55	
2015年	14	1,098	715	812	56	
2016年	15	1,144	757	836	55	
2017年	15	1,137	796	926	60	隣接地取得，離農跡地引受
2018年	15	1,215	838	1,002	61	構成員の新規加入
2019年	15	1,307	932	1,038	59	隣接地取得
2020年	16	1,339	970	1,022	56	
2021年	16	1,437	966	1,174	61	構成員の新規加入，離農跡地引受

資料：Aセンター資料，聞き取り（2022年）により作成。

第3節　牧草サイレージ生産原価の圃場間格差と農地集積の経済性

　表10-2にAセンターにおける牧草サイレージ生産原価を示した。自給飼料費用価の北海道平均と比較すると，圃場作業を外部に委託していることから，固定財費，労働費が低く，賃借料及び料金が高いという特徴がみられる。1番草サイレージの生産原価は外部への販売価格10.5円/kgを下回る一方，2番草サイレージの生産原価は外部への販売価格7.0円/kg[注9]を大きく上回る水準にある。

　表10-3に1番草サイレージの原価水準別にみた圃場毎の単収及び作業時間を示した。1番草サイレージの生産原価には圃場間格差がみられ，全体の54％にあたる64筆における生産原価は，外部への販売価格10.5円/kgを上回る水準にある。生産原価が高い圃場は，相対的に単収水準が低く，特に12.0円以上の圃場は草地更新が行われていないものが多いという特徴がみられる[注10]。一方，生産原価水準と作業時間には明瞭な関係がみられない[注11]。

　表10-4に農地の所有者別にみた1番草サイレージ生産原価を示した。圃

第10章　牧草サイレージ生産原価の圃場間格差とTMRセンターによる農地集積の経済性

表10-2　Aセンターにおける牧草サイレージ生産原価（2021年）

				Aセンター 1番草	Aセンター 2番草	Aセンター 牧草計	北海道平均
生産量			(kg/10a)	1,812	674	2,487	2,774
のべ作付面積10a当り	費用価	種子費	(円/10a)	76	76	76	104
		肥料費	(円/10a)	3,714	1,828	2,771	3,343
		賃借料及び料金	(円/10a)	9,379	3,720	6,550	3,710
		その他	(円/10a)	2,230	2,169	2,200	4,565
		労働費	(円/10a)	252	162	207	1,264
		固定財費	(円/10a)	884	903	893	2,933
		小計	(円/10a)	16,536	8,858	12,697	15,919
	租税公課		(円/10a)	148	168	158	-
	生産管理費		(円/10a)	240	272	256	-
	利子		(円/10a)	15	17	16	-
	地代		(円/10a)	2,000	1,000	1,500	-
	計		(円/10a)	18,938	10,315	14,627	-
生産原価			(円/kg)	10.4	15.3	11.8	

資料：Aセンターの取引伝票（2021年），固定資産台帳（2021年），GPSロガーデータ（2021年），平成30年度畜産物生産費統計，聞き取り調査（2022年）より作成。

注：1）生産量についてAセンターは調製後の値であるのに対し，北海道平均は調整前の値である。
　　2）肥料費に自給きゅう肥は含めていない。

場毎の1番草サイレージ生産原価には9.4～14.7円/kgと農地の所有者によって大きなばらつきがみられ，TMRセンターが構成員の所有する多様な農地を集積し，農地の所有と利用を分離することで，牧草サイレージ生産原価を平準化していることがうかがわれる。

　表10-5に集積理由別にみた1番草サイレージ生産原価を示した。地域の要請に応じて引き受けた離農跡地の単収水準は低く[注12]，変動費と地代の合計額は外部への販売価格を上回る水準にある。これらの圃場からの販売量1,033tは外部への販売量1,036tとほぼ一致することから（表10-6），農地を手放したとしても構成員におけるサイレージ需要は満たすことができると考えられる[注13]。さらに，2番草サイレージの生産原価も販売価格を上回っていること，圃場作業をコントラクターに委託しており規模の経済が働きにくい

163

第 2 部　土地利用型酪農における TMR センターの機能

表10-3　1番草サイレージ生産原価水準別にみた単収水準及び作業時間（2021年）

生産原価	筆数 (筆)	面積 (ha)	1筆当り 面積 (ha/筆)	生産量 (t)	単収 (kg/10a)	更新後経過年数別筆数比率				作業時間	
						1〜 5年 (%)	5〜 9年 (%)	10年 〜 (%)	更新 なし (%)	圃場内 (時間/10a)	移動 (時間/10a)
〜8.9円	23	130	5.7	3,225	2,475	17	48	9	26	40.1	13.6
9.0〜9.9円	17	107	6.3	2,181	2,046	41	29	0	29	36.5	12.4
10.0〜10.4円	15	94	6.3	1,793	1,900	20	27	20	33	37.0	12.5
10.5〜10.9円	15	103	6.9	1,835	1,780	27	13	20	40	33.7	11.5
11.0〜11.9円	18	156	8.7	2,521	1,613	33	22	11	33	31.2	10.4
12.0〜12.9円	9	84	9.4	1,227	1,454	11	0	0	89	29.3	7.7
13.0円〜	22	96	4.4	1,201	1,245	9	18	5	68	28.2	8.7
計	119	772	6.5	13,983	1,812	23	25	9	43	32.9	10.4

資料：Aセンターの取引伝票（2021年），固定資産台帳（2021年），GPSロガーデータ（2021年），聞き取り調査（2022年）より作成。

注：1）サイレージ販売量を収穫物を搬出したダンプの台数に応じて配賦することで，圃場毎の単収を推定した。
　　2）種子費，肥料費，農業薬剤費，その他諸材料費，賃借料及び料金（糞尿散布以外の委託費），草地費，地代，生産管理費を面積に応じて，それ以外の費用を作業時間に応じて圃場毎に配賦した。
　　3）「更新なし」はAセンターが集積後，草地更新を行っていないことを示す。

表10-4　農地所有者別にみた圃場毎の1番草サイレージ生産原価（2021年）

No.	圃場数 (筆)	面積 (ha)	生産量 (t)	単収 (kg/10a)	生産原価 (円/kg)
1	7	50	1,027	2,074	9.4
2	8	49	972	1,994	9.5
3	13	53	1,043	1,951	9.8
4	3	13	235	1,810	9.9
5	5	38	795	2,094	10.0
6	8	67	1,262	1,887	10.2
7	13	90	1,640	1,816	10.2
8	5	41	797	1,935	10.3
9	11	66	1,179	1,777	10.3
10	8	47	822	1,750	10.5
11	4	26	453	1,722	11.1
12	6	26	408	1,562	12.0
13	1	2	30	1,255	14.7
計	92	569	10,662	1,873	10.2

資料：表10-3に同じ。

注：No.はAセンター設立時点における農地の所有者を示す。

第10章　牧草サイレージ生産原価の圃場間格差とTMRセンターによる農地集積の経済性

表10-5　集積理由別にみた圃場毎の1番草サイレージ生産原価

集積理由	圃場数 (筆)	面積 (ha)	1筆当り 面積 (ha/筆)	販売量 (t)	単収 (kg/10a)	更新後 10年以内 圃場数 比率 (%)	生産原価 (円/kg)	うち， 変動費 ＋地代 (円/kg)
構成員（設立時）の所有地	92	569	6.2	10,662	1,873	55	10.2	9.1
構成員の新規加入	17	113	6.6	1,941	1,724	29	10.9	9.8
隣接地の取得	3	17	5.6	347	2,077	33	8.6	7.8
離農跡地の引受	7	73	10.4	1,033	1,414	0	12.8	11.6
計	119	772	6.5	13,983	1,812	48	10.4	9.3

資料：表10-3に同じ。
注：種子費，肥料費，光熱動力費，農業薬剤費，その他諸材料費，賃借料及び料金，修理費，労働費を変動費とした。

表10-6　牧草サイレージの販売量

		収穫 面積 (ha)	販売量 計 (t)	販売量 員内 (t)	販売量 員外 (t)	仕向先比率 員内 (%)	仕向先比率 員外 (%)	単収 (kg/10a)
2019年	1番草	713	11,014	10,260	753	93	7	1,545
	2番草	824	8,391	2,761	5,630	33	67	1,018
2020年	1番草	719	11,764	11,705	59	99	1	1,635
	2番草	677	9,805	3,032	6,773	31	69	1,449
2021年	1番草	772	13,983	12,947	1,036	93	7	1,812
	うち離農跡地における生産	73	1,033	-	-	-	-	1,414
	2番草	771	5,199	2,183	3,016	42	58	674

資料：Aセンター資料（2021年）より作成。

ことから，離農跡地引受は生産原価の増加，構成員の費用負担増加につながっていると判断される。

第4節　小括

　既存統計資料及び道東・草地型酪農地帯のAセンターにおける牧草サイレージ生産原価の分析から，次の諸点を指摘できる。
　第一に，道東・草地型酪農地帯の根室地域では，飼料作物収穫面積に占め

第2部　土地利用型酪農におけるTMRセンターの機能

るTMRセンターのシェアが増加している。

　第二に，Aセンターの1番草サイレージ生産原価には，主に単収水準の差に起因した圃場間格差がみられ，過半数の圃場における1番草サイレージ生産原価は外部への販売価格を上回る。

　第三に，圃場毎の1番草サイレージ生産原価には，農地の所有者間でも大きなばらつきがみられ，TMRセンターが構成員の所有する多様な農地を集積し，農地の所有と利用を分離することで，牧草サイレージ生産原価を平準化していることがうかがわれる。

　第四に，地域の要請に応じて引き受けた離農跡地における変動費と地代の合計額は，外部への販売価格を大きく上回る。これらの圃場における牧草サイレージ生産を中止しても構成員の需要を満たすことはできること，牧草収穫作業はコントラクターに委託しており規模の経済が働きにくいこと，2番草サイレージ生産原価も販売価格を上回っていることから，離農跡地の引受けはサイレージ生産原価を押し上げ，構成員の費用負担を増加させている。

　以上を踏まえると，道東・草地型酪農地帯のAセンターによる離農跡地の集積は構成員である酪農経営の費用負担増加によって成り立っており，現状の牧草サイレージ販売価格水準では，外部への販売を前提とした，さらなる離農跡地の引受けを期待することは難しいと考えられる。

　このため，草地管理の見直しにより単収水準の底上げを図りつつ，牧草サイレージ販売価格の向上の条件を明らかにすることが重要である。

　さらに，草地型酪農地帯の農地維持に向けては，単収水準の圃場間格差に関する要因解析を行った上で，原価水準に応じた圃場毎の土地利用のあり方[注14]についても検討することが必要であると考えられる。

　注1）清水池（2018）は，宗谷地域において牧草需給が緩和していること，一部のTMRセンターにおいて余剰牧草サイレージの外部販売が行われていることを指摘している。また，北海道TMRセンター連絡協議会・北海道農業研究会酪農部会によるアンケート調査（2019年）によると，アンケー

第 10 章　牧草サイレージ生産原価の圃場間格差と TMR センターによる農地集積の経済性

トに回答した43センターのうち19センターが，現在，あるいは今後の課題として農地の余剰化を挙げている。
注 2 ）北海道におけるTMRセンターは「農場制型TMRセンター」とも称され（荒木，2005），構成員の土地を集団的に利用し，粗飼料の生産からTMRの製造・配送まで行うものが多い。農地を所有あるいは賃借せずに構成員から作業を受託し，原料草を購入している場合についても，作付け，作業，販売に関する意思決定はTMRセンターが行っており，実質的な農地利用の主体はTMRセンターであることから，本章では農地を集積している主体として扱う。
注 3 ）TMRセンターによる牧草サイレージの地域間流通の実態に関しては，清水池（2018）も参照のこと。
注 4 ）GPSロガーから収集したデータに基づき圃場単位の飼料作の作業効率について分析した知見として清水ら（2020）がある。
注 5 ）北海道TMRセンター連絡協議会・北海道農業研究会酪農部会によるアンケート調査（2019年）によると，アンケートに回答した43センターのうち17センターがサイレージまたはTMRを外部に販売している。
注 6 ）面積当り原料草購入単価は牧草の収量や品質に関わらず一定であることから，地代とみなして原価を算出した。
注 7 ）このコントラクターでは，Aセンターからの受託を前提として，TMR製造のための従業員を雇用している。
注 8 ）Aセンターの構成員によると，施設及び労働力の制約から，構成員の飼養頭数規模拡大によるサイレージ需要量拡大は困難であるとされる。
注 9 ）このコントラクターでは，Aセンターからの受託を前提として，TMR製造のための従業員を雇用している。
注10）このような圃場は草地更新の実施による単収向上を期待できる場合がある。一方で，排水不良地等，草地更新の効果が期待しにくいことから，草地更新が実施されていない圃場も含まれることに留意する必要がある。
注11）圃場内作業時間の多くを占める収穫作業は単収水準が高いほど長くなる傾向にある。
注12）いずれの圃場も集積後は草地更新が行われておらず，更新後経過年数は不明である。一般に，経営継承を前提としない酪農経営は草地更新を控える場合が多い。
注13）北海道立総合研究機構酪農試験場（根室振興局中標津町）における2021

第 2 部　土地利用型酪農における TMR センターの機能

　　　年の牧草（チモシー単播）の作況は「平年並み」である。
注14）例えば，草地管理の見直しによる単収向上が期待しにくい圃場については，採草を行わず，放牧等の粗放的な土地利用に変更することが考えられる。

終章　飼料生産基盤に応じた土地利用型酪農経営の展開方向とTMRセンターの機能

　第1部では，飼料生産基盤が土地利用型酪農経営のコスト，投資の経済性に及ぼす影響を分析した上で，道東・草地型酪農地帯におけるスマート農業技術導入の経済性を評価するとともに，相対的に投資限界が低い道北・草地型酪農地帯に適した展開方向として，フリーストールと放牧を組み合わせた酪農経営，和牛子牛繁殖部門を導入した酪農経営に注目し，そのコスト，収益性について分析した。

　第2部では，TMRセンターへの加入が酪農経営のコスト，収益性に及ぼす影響と飼料生産基盤，飼養頭数規模の関係について分析した。さらに，TMRセンターによる離農跡地の引受けや新規参入者の受入れといった酪農生産基盤の維持に係る機能を評価するとともに，TMRセンターにおける人材確保の課題について検討した。

　以下では，本書の到達点を示した上で，土地利用型酪農経営の展開方向と，それを支えるTMRセンターの機能について考察する。

第1節　飼料生産基盤に応じた土地利用型酪農経営の展開方向

　第1章において，北海道における土地利用型酪農の動向と地域性について整理した。全道で乳牛飼養戸数は減少する中で，飼養頭数規模拡大の進展には地帯差がみられる。畑地型酪農地帯では乳牛飼養頭数が増加する一方，草地型酪農地帯では横ばい，ないし，減少している。特に道北・草地型酪農地帯における減少が著しい。その下で，粗飼料需要の地帯差が生じているとみられる。また，飼養頭数規模の拡大は，従事者1人当り労働時間の増加を招き，そのことが担い手の確保を難しくしている。搾乳牛舎の更新も停滞しており，酪農生産基盤の維持が危ぶまれている。

第2章において，草地型酪農経営と畑地型酪農経営では飼料生産基盤の違いに起因し，飼養頭数規模拡大とコスト低減に向けた方策は異なることを明らかにした。草地型酪農経営において飼養頭数規模拡大とコスト低減を推進する上では，大規模層における生産要素投入の抑制が重要になる。自給可能な粗飼料が牧草に限られる下で，乳量水準が畑地型酪農経営に劣ることから，より慎重な固定資本投下を行うとともに，放牧や草地改良を通じて飼料費の低減を図ることが重要になる。一方，畑地型酪農経営において飼養頭数規模拡大とコスト低減を推進する上では，大規模層における高泌乳の維持が重要になる。このため，とうもろこしサイレージ給与量の維持に向けて，大規模経営への農地集積や耕畜連携，あるいはTMRセンターによる集団的な土地利用を通じて，成牛換算1頭当り耕地面積，とうもろこしサイレージ給与量，経産牛1頭当り乳量の維持を図ることが重要になると考えられる。

　第3章において，飼料生産基盤の違いが土地利用型酪農経営における搾乳牛舎投資の経済性に及ぼす影響について明らかにした。特に，飼料用とうもろこし作付けが行われず，乳量水準が低い道北・草地型酪農地帯においては，畑地型酪農地帯や道東・草地型酪農地帯に比べて，搾乳牛舎の更新に際したフリーストール牛舎・搾乳ロボット導入のハードルが高いと考えられる。投資限界額向上のためには，家族労働費評価の切り下げ，あるいは，既存牛舎も併用した飼養頭数規模拡大が必要になるが，飼養頭数を拡大する上では雇用労働力の確保も課題になる。このことから，道北・草地型酪農地帯における搾乳牛舎の更新に向けては，生産条件の不利を補正するための支援や，より必要投資額が少ない搾乳牛舎形態・飼養形態を検討する必要があると考えられる。さらに，道東・草地型酪農地帯の搾乳ロボット導入経営における投入・産出の実態に基づき，付加価値生産性やコスト面からみたスマート農業技術導入の経済性を評価した。搾乳ロボット導入に伴い，経産牛飼養頭数は増加しているにもかかわらず総労働時間は減少しており，特に経営主以外の家族の労働時間変化が大きい。また，濃厚飼料多給，データ活用，多回搾乳により，繁殖成績の改善，除籍牛率の低下，経産牛1頭当り乳量の増加，飼

終章　飼料生産基盤に応じた土地利用型酪農経営の展開方向とTMRセンターの機能

料効果の向上が実現している。これらの結果として，労働生産性が向上し，コストは低減している。しかし，経営主の労働時間は，依然として製造業平均を上回る水準にある。また，搾乳ロボット導入には多額の投資を要することから，資本生産性は低下している。さらに，実搾乳量100kg当り全算入生産費が生乳価額を下回るためには，11,959kg/頭以上という，北海道平均に比べて極めて高い乳量水準を実現する必要がある。搾乳ロボットを導入したとしても，必ずしも高泌乳が実現されるわけではないことから，搾乳ロボットを単なる省力化技術として位置付けるのではなく，あわせてデータ活用，多回搾乳による投入・産出の改善が不可欠である。また，データ活用，多回搾乳を行っても，地域の飼料生産基盤によっては，搾乳ロボット導入に係る投資の回収が困難となる場合があると考えられる。以上を踏まえると，スマート農業技術の導入は土地利用型酪農経営の労働生産性を向上させるが，必ずしも持続性を高めるとはいえない。このため，スマート農業に限定せず，地域の条件に応じた持続的な酪農経営のあり方を模索する必要がある。

　第4章において，草地型酪農地帯における放牧経営（夏季放牧を行う酪農経営）を対象として，経営資源の保有・利用状況，その下での農業所得と労働時間について，飼養形態，搾乳機による違いを明らかにするとともに，他産業の水準と比較し，放牧経営の持続に向けた課題について考察した。施設投資が停滞する下で，繋ぎ飼い牛舎・パイプラインミルカーを用いる酪農経営の労働時間は，他産業を遙かに上回る水準となっており，このことが後継者の就農を妨げ，酪農経営の持続を困難にすることが懸念される。飼養形態よる労働時間の違いよりも，施設・機械装備による労働時間の違いが大きいことから，省力的とされる放牧経営といえども例外ではない。これに対し，フリーストール牛舎・ミルキングパーラーを導入することで，省力化を図ることが有効であると考えられる。労働時間の大半は搾乳及び飼料給与によって占められていることから，飼料生産作業や哺育・育成の外部化による省力化には限界があり，施設投資は不可欠であると考えられる。フリーストール牛舎・ミルキングパーラーの導入は，多額の投資を要することから規模の拡

大が不可欠とされ，相対的に飼養頭数規模が小さい放牧経営ではあまり行われてこなかった。しかし，調査対象経営においては，一般的なフリーストール牛舎よりも小規模な牛床70床程度のフリーストール牛舎とアブレストパーラーを用いることで投資額を抑えつつ，放牧を組み合わせることで省力化が図られており，放牧経営の持続化に向けてさらなる普及が望まれる。そこで，フリーストール牛舎導入による放牧方式の変化，及び，牛舎形態や放牧方式の違いが牛乳生産費に及ぼす影響を明らかにし，フリーストール牛舎導入による省力化と放牧によるコスト低減両立の可能性について考察した。フリーストール牛舎を導入する放牧経営におけるコストは，主に労働費，乳量の差に起因し，繋ぎ飼い牛舎の放牧経営に比べ低い。なかでも，流通飼料費，乳牛償却費，労働費，乳量の差に起因し，中牧区・昼夜放牧を採用する放牧経営において最も低い。また，粗放的な中牧区・昼夜放牧あるいは大牧区・日中放牧を採用する経営においても，放牧期におけるコストは舎飼期に比べて低いことから，仮に同一経営が通年舎飼を行った場合に比べて，低コストになると考えられ，放牧のメリットが確認される。以上から，労働力，放牧地面積が限られる下でも，粗放的な中牧区・昼夜放牧を採用することで，フリーストール牛舎導入による省力化と放牧によるコスト低減は両立しうると考えられる。

　第5章において，草地型酪農地帯における酪農経営を対象として，和牛繁殖部門の経済性を明らかにし，導入局面について考察した。事例経営における和牛繁殖部門は酪農部門の粗飼料や牛舎等の余剰資源を活用することで，全道平均より低いコストを実現しており，和牛繁殖部門の労働生産性及び資本生産性は搾乳部門を上回る。このことから，草地型酪農地帯の酪農経営に和牛繁殖部門を導入することで，労働生産性，資本生産性を向上させることができると考えられる。すなわち，酪農単一経営と比べて，より少ない労働力及び資本で，同等の農業純生産を実現できることから，労働力，施設が限られる単世代経営の省力化方策として位置づけられる。また，後継者が就農した二世代経営においても施設投資を抑制しつつ，親世代の就労機会を創出

終章　飼料生産基盤に応じた土地利用型酪農経営の展開方向とTMRセンターの機能

し，生産性向上，価格変動リスクの分散を図る方策として位置づけられる。さらに，地域の視点からも，特に中山間草地型酪農地帯の酪農経営における和牛繁殖部門の導入は，地域の高齢労働力，離農や牛舎建て替えに伴い使用されなくなった搾乳牛舎，余剰草地といった資源を活用して，生産額の向上及び，地域人口の維持に貢献する方策としても位置づけられる。

　土地利用型酪農の持続安定化に向けては，担い手の確保に向けた労働生産性の向上と搾乳牛舎の更新が喫緊の課題である。これに対し，政策では，搾乳ロボット等のスマート農業技術導入を推進している。しかし，飼料生産基盤の違いに起因して，その効果には地帯差がみられる。すなわち，飼料用とうもろこしを自給可能な畑地型酪農地帯や道東・草地型酪農地帯の一部においては，スマート農業技術の導入により，乳量水準を向上させ，繁殖成績を改善し，労働時間を削減する他産業並みの労働生産性を実現しうる。一方で，自給可能な粗飼料が牧草サイレージに限定される道北・草地型酪農地帯では，多額の投資を要するスマート農業技術の導入は，家族労働費評価の切り下げ，あるいは，既存牛舎も併用した飼養頭数規模拡大を要請する場合がある。このため，飼料生産基盤に応じた，より必要投資額が少ない経営展開を検討する必要があり，放牧経営におけるフリーストール牛舎の導入や和牛繁殖部門の導入は，その有望な候補になりうる。

第2節　土地利用型酪農におけるTMRセンターの機能

　第6章において，北海道におけるTMRセンターの動向について整理した。初期に道北・草地型酪農地帯で設立されたTMRセンターと，近年，道東・草地型酪農地帯，畑地型酪農地帯で設立されたTMRセンターには違いがみられる。道北・草地型酪農地帯のTMRセンターは，中小規模酪農経営を中心とした構成員の出役による共同作業によって粗飼料収穫作業を実施しているという特徴がある。また，新たな動向としてオペレータの雇用がみられる。さらに，哺育・育成事業や酪農ヘルパー事業，生乳生産事業が導入される等，多角化が進展しており，その機能は飼料生産にとどまらない。多角化の目的

としては，構成員間の生産性格差の解消，オペレータの就業機会確保，余剰サイレージの活用，搾乳牛舎の更新が困難な構成員の離農抑制等が指摘される。一方，畑地型酪農地帯のTMRセンターは，大規模酪農経営を構成員として組み込みつつ，粗飼料収穫作業は外部に委託しており，従来指摘されてきたような支援組織が成立しにくい地域における中小規模経営の省力化手段として設立されたセンターとは異なる性格を有することがうかがわれる。

　第7章において，TMRセンターへの加入が大規模酪農経営及び中小規模酪農経営それぞれの牛乳生産費，農業所得に及ぼす影響について分析した。第2章で明らかにしたように，特に畑地型酪農経営において，飼養頭数規模拡大に伴い大規模経営における乳牛1頭当り耕地面積は縮小傾向にあり，そのことが大規模経営における生産性を低下させ，コスト低減を阻害している。これに対し，TMRセンターでは構成員の農地を一元的に管理し，単収・品質を高めることによって，地域における自給飼料生産量を拡大するとともに，TMRの供給を通じ，飼養頭数に応じて粗飼料を分配することにより，構成員間における粗飼料の過不足を解消し，大規模経営における生産性の向上，コスト低減を実現しうる。すなわち，TMRセンターは市場取引では解決が困難な乳牛飼養頭数に対する粗飼料の過不足を準内部取引により解決しうることから，浅見（1993）が指摘する中間組織としての機能を有するといえる。ただし，そのためには，余剰農地を抱える中小規模酪農経営をTMRセンターの構成員として組み込むことが前提となる。そこで，TMRセンター加入が道東・草地型酪農地帯における中小規模経営の収益性に及ぼす影響について分析した。労働力が少なく，飼養管理の大幅な変更が必要となる中小規模経営では，TMRセンター加入に伴い収益性が悪化しやすい。このため，TMRセンターの持続安定化の観点からは中小規模酪農経営におけるTMRセンター加入のリスクを低減させるための組織設計が求められる[注1]。

　第8章において，道北・草地型酪農地帯における集落悉皆調査を通じて，酪農生産基盤（酪農生産の基礎となる土地及び牛舎・サイロ等の施設）維持に向けてTMRセンターに求められる機能を明らかにするとともに，TMRセ

終章　飼料生産基盤に応じた土地利用型酪農経営の展開方向とTMRセンターの機能

ンターの持続安定化に向けた課題について検討した。対象とした集落では，特に後継者未定または不在の個別経営における施設投資の停滞とその下での労働力不足，土地利用の粗放化，農地の過不足といった課題が生じている一方，TMRセンター及び協業法人によって，酪農生産基盤の維持と生産の拡大が行われている。TMRセンターは，土地，労働，資本を共同で保有・利用することにより，①大規模経営における農地不足の解消，②農地の適切な維持・管理，③酪農経営における飼料生産に係る労働・投資の負担軽減，④離農跡地の受け皿と新規参入者の受入支援，⑤雇用労働力の確保といった機能を発揮している。酪農専業地帯においても農業経営者の高齢化が進展しているが，酪農は耕種農業に比べて労働強度が高く，特に道北・草地型酪農地帯では生活面に課題を抱えやすいことから，高齢農家の営農継続が困難化しやすいと考えられる。また，このことは，特に後継者不在の経営における施設や農地への投資回避につながりやすく，酪農生産基盤の継承に問題を引き起こしやすい。このような状況を踏まえると，酪農生産基盤の維持に向けては，酪農経営の労働・投資負担軽減を図り営農継続を支援するとともに，離農跡地（施設，農地）を適切に管理しつつ，新規参入者に継承していく体制の構築が重要になると考えられる。このため，地域の酪農生産基盤を維持していくためにも，構成員である酪農経営の収益性の低さ，財務の安全性の低さ，労働力の確保，運営に関わる後継者の確保といった課題を解決し，TMRセンターの持続性を高めることが求められる。

　第9章において，粗飼料生産作業の外部委託が困難化する中で常勤オペレータを雇用するTMRセンターを対象として，常勤オペレータ雇用及び酪農ヘルパー事業導入が自給飼料費用価に及ぼす影響を明らかにするとともに，多角化するTMRセンターにおいて求められる人材確保に向けた課題について検討した。常勤オペレータ雇用に伴って，外部委託に係る賃借料及び料金が減少する一方，労働費が増加することから，10a当り自給飼料費用価は増加する。ただし，現状では，TMRセンターにおける常勤オペレータは粗飼料生産作業従事者の一部に留まること，粗飼料生産作業に従事していない期

間の労賃を酪農ヘルパーやTMR製造等の他部門で負担していることから，賃借料及び料金の減少と労働費の増加による10a当り自給飼料費用価の増加率は1割に満たない。また，常勤オペレータ雇用後においても10a当り自給飼料費用価は北海道平均を下回る水準となっている。しかし，事例としたTMRセンターにおける現状の常勤オペレータ数は必要人数を下回っており，さらなる増員が望まれている。常勤オペレータの労賃を粗飼料部門のみで負担する場合，常勤オペレータの増員は構成員の飼料費増加を招くことから，冬季の就業機会確保のための多角化が重要になる。常勤オペレータの冬季における労賃負担のための新たな事業として酪農ヘルパーが期待されているが，調査事例においては従業員の意向，サービスの質に対する不満に起因し，必ずしも部門として確立されていない状況にある。このため，今後は，粗飼料生産作業オペレータと酪農ヘルパーを兼務できる人材の育成が重要な課題となるが，TMRセンター単独での人材確保・育成には限界があるため，関係機関の連携の下，地域としての取組が必要になると考えられる。

　さらに，第10章において，道東・草地型酪農地帯のTMRセンターを対象として，牧草サイレージの生産原価の圃場間格差を明らかにしたうえで，農地集積の経済性と課題について考察した。分析対象としたTMRセンターの1番草サイレージ生産原価には，主に単収水準の差に起因した圃場間格差がみられ，特に，地域の要請に応じて引き受けた離農跡地における牧草サイレージ生産原価は，外部への販売価格を大きく上回る。これらの圃場における牧草サイレージ生産を中止しても構成員の需要を満たすことはできること，牧草収穫作業はコントラクターに委託しており規模の経済が働きにくいこと，2番草サイレージ生産原価も販売価格を上回っていることから，離農跡地の引受けはサイレージ生産原価を押し上げ，構成員の費用負担を増加させている。このように，分析対象とした道東・草地型酪農地帯のTMRセンターによる離農跡地の集積は，構成員である酪農経営の費用負担増加によって成り立っており，現状の牧草サイレージ販売価格水準では，さらなる離農跡地の引受けを期待することは難しいと考えられる。このため，草地管理の見直し

終章　飼料生産基盤に応じた土地利用型酪農経営の展開方向とTMRセンターの機能

により単収水準の底上げを図りつつ，牧草サイレージ販売価格の向上の条件を明らかにすることが重要である。

　以上から，今日の土地利用型酪農におけるTMRセンターの機能は次のように整理できる。

　第一に，TMRセンターは酪農経営の飼料生産部門を共同化した農業生産組織[注2]であり，共同で大型機械，サイロを導入するとともに，構成員の農地の所有と利用を分離し，集団的に利用することによって，粗飼料の単収・品質の向上，均質化，コスト低減，構成員間における粗飼料過不足の解消を可能とする。

　第二に，コントラクター等の受託側の収益形成力が低い草地型酪農地帯においては，TMRセンターがオペレータを確保し，中間主体[注3]あるいは受託主体となることで，構成員の粗飼料生産及び飼料の調理・給与作業の省力化を可能とする。なお，TMRセンターは粗飼料生産への投資が困難な中小規模の酪農経営における省力化手段として期待されているが（金子，2014a；岡田，2016），労働力が少なく，飼養管理の大幅な変更が必要となる中小規模経営では，TMRセンター加入に伴い収益性が悪化しやすいことに留意する必要がある。

　第三に，離農や飼養頭数拡大の停滞によるTMR単価の高止まりや構成員である酪農経営の収益性悪化により，TMRセンターが不安定化し，かつ，地域の哺育・育成牧場への周年預託が困難な場合に，哺育・育成預託機能を発揮するセンターがみられる。さらに，構成員が減少しているTMRセンターや農家戸数の減少が著しい地域に立地するTMRセンターの一部では，施設の稼働率低下の回避や，地域の農地利用維持，新たな担い手創出のために新規参入者受入機能や生乳生産機能も発揮されている。

　すなわちTMRセンターは，構成員の農地の所有と利用を分離し，集団的に農地を利用することによって，効率的な自給粗飼料生産と分配を行う組織であるが，コントラクターや哺育育成牧場等の支援組織との連携が困難な場合に，構成員及びTMRセンターの安定化に向けて多機能化する。

このことを踏まえると，TMRセンターに求められる機能は地帯によって異なると考えられる。すなわち，道北・草地型酪農地帯のように，コントラクターや哺育育成牧場等の支援組織の存立が困難な地域においては，粗飼料生産の受託機能や哺育・育成預託機能が重要になると考えられる。一方，畑地型酪農地帯のように，飼養頭数規模拡大に農地の集積が伴わず，農地の過不足が生じている地域においては，農地を集団的に利用し，粗飼料を分配する機能が重要になると考えられる。加えて，近年は，道北・草地型酪農地帯を中心に，余剰サイレージを外部に販売するTMRセンターもみられ，粗飼料が不足している地域への粗飼料供給機能や，担い手が弱体化している地域においては，酪農生産基盤の維持・管理・継承，新規参入者の受入支援，生乳生産に関する機能の発揮も期待される。

　また，TMRセンターの持続安定化に向けた課題も地帯によって異なると考えられる。コントラクターへの粗飼料生産作業の委託が困難な道北・草地型酪農地帯において，常勤の粗飼料生産作業オペレータを直接雇用するTMRセンターでは，オペレータの人件費負担のために，酪農ヘルパー事業等の導入に加えて，員外へのサイレージ・TMRの販売等，サイレージ・TMR製造事業の拡大，さらには必要に応じてTMRセンターの再編・合併（センター間の受委託を含む）も必要になると考えられる。一方，農地集積や新規参入者受入など，員外への外部効果が大きい事業については，地域としての費用負担のあり方も検討する必要がある。さらに，こうした広範な領域をマネジメントできるマネージャーの育成も課題となる。

第3節　持続的な土地利用型酪農の確立に向けて

　2015年から2020年にかけて，乳価の上昇に伴い酪農経営の経済状況は好転し，農業所得は右肩上がりで推移していたが，それでも離農には歯止めがかからなかった。

　農業経営の持続条件は，最も稀少な要素である後継者を確保することであり，そのためには少なくとも他産業の平均賃金水準に匹敵する農業所得を獲

終章　飼料生産基盤に応じた土地利用型酪農経営の展開方向とTMRセンターの機能

得する必要があるとされる。加えて，特に酪農においては，農家子弟が就農する上での課題として，労働時間の長さが指摘されており，他産業並の労働時間，時間当り所得を実現することが重要であると考えられる。

　酪農の主産地である北海道における搾乳牛舎の多くは，1970～80年代に建設された繋ぎ飼い牛舎であり，更新時期を迎えている。繋ぎ飼い牛舎では，個体管理による緻密な飼養管理が可能である一方，搾乳作業や給餌作業の能率はフリーストール牛舎に劣るとされる。また，搾乳牛舎は生乳生産を行う上で重要な施設であり，更新の停滞は酪農生産基盤の縮小に直結する。

　これに対し，酪農及び肉用牛生産の近代化を図るための基本方針（農林水産省，2020年）では，生産基盤の維持に向けた重要課題として労働生産性の向上を挙げ，搾乳ロボットの導入やTMRセンター等の外部支援組織の活用を推進するとしており，他産業並みの労働生産性を実現する家族酪農経営モデルとして，TMRセンターを利用しつつ，搾乳ロボットを導入するモデルを提示している。しかし，本書で明らかになったように，飼料生産基盤によって土地利用型酪農経営のコスト水準，収益性は大きく異なることから，多額の投資，濃厚飼料多給を要請する政策を画一的に推し進めることは，経営の資金繰りを悪化させ，持続性を低下させかねない。また，上述の通り，TMRセンターに求められる機能も飼料生産基盤や支援組織の設立状況によって異なる。

　草地型酪農地帯では，養分摂取可能量を高めやすい飼料用とうもろこしの栽培が困難であることから，畑地型酪農地帯に比べて，コスト水準が高く，収益性が低くなりやすい。しかし，草地型酪農は，耕種農業に不適な農地を有効活用し，関連産業を含めて，過疎地地域に就業機会を創出するという重要な役割を担っている。

　地域における関連産業（乳業工場，集乳業者，人工授精師，獣医師等）や支援組織，酪農生産基盤が一度失われれば復元することは困難である。

　以上を踏まえて，短期的な需給動向に振り回されることなく，どこまで酪農生産基盤を維持するのか，目標を定め，飼料生産基盤に応じた持続可能な

酪農経営モデル，農地利用計画を策定するとともに，その実現に向けて必要となるTMRセンターや支援組織の役割，搾乳牛舎に係る投資負担，農地の維持に係る費用負担のあり方，直接支払いによる所得補償や生産条件の不利を補正するための支援について検討し，我が国における土地利用型酪農の目指す姿と基本戦略を提示する必要がある。

注1） 中小規模経営における飼養管理技術変更のリスクを低減する具体的な方策としては，第11章で挙げた各構成員の乳量水準に応じた複数のTMR供給の他，岡田（2016）が挙げる中小規模経営に対する（TMRではなく）サイレージの供給等が考えられる。
注2） 伊藤（1981）は，農業生産組織を「生産農家がその生産過程において，自主的に他の生産農家と補完関係を結び，それによって収益の増大をはかり，または損失の発生を防止しようとする対応形態である」と規定している。
注3） 岡田（2016）は，TMRセンターを委託主体である酪農経営と受託主体間の受委託を媒介する中間主体として位置づけている。

［引用文献］

荒木和秋（1994）「北海道酪農における畜産的土地利用の実証的研究」『酪農学園大学紀要人文・社会科学編』第19巻第32号，pp.65-206.

荒木和秋（1999）「集約放牧の現代的意義」『北海道家畜管理研究会報』35，pp.7-17.

荒木和秋（2000a）「草地型酪農の発展と地域・環境政策」『北海道農業経済研究』8（2），pp.29-40.

荒木和秋・海野芳太郎（2001）「自給飼料費用価の地域間及び農家間の格差分析」『酪農学園大学紀要』26（1），pp.27-44.

荒木和秋（2005）「農場制型TMRセンターによる営農システムの革新」農政調査委員会『日本の農業』233.

荒木和秋（2006）「限界地の農地管理を担う農場制型TMRセンター」『粗飼料の生産・利用体制構築のための調査研究事業報告書―コントラクター生産効率向上等調査』農政調査委員会，pp.86-101.

荒木和秋（2007）「酪農家子弟の生活実態と後継者育成の方策」『酪農学園大学紀要』31（2），pp.157-165.

荒木和秋（2012）「放牧酪農に可能性はあるか」『放牧酪農の展開を求めて』日本経済評論社，pp.203-247.

荒木和秋・高橋圭二・小宮道士・中辻浩喜・井上誠司・吉岡徹・小糸健太郎（2017）「北海道酪農における恒久的営農システムの実証的研究」『酪農学園大学紀要』41（2），pp.79-87.

浅見淳之（1993）「地域農業組織化への企業経済理論的接近」『北海道農業経済研究』3（1），pp.2-14.

藤本隆宏（2005）「実証研究の方法論」藤本隆宏・高橋伸夫・新宅純二朗・阿部誠・粕谷誠『リサーチ・マインド経営学研究法』有斐閣アルマ，pp.2-38.

藤田直聡（2000）「フリーストール・ミルキングパーラー方式の投資と省力効果―岩手県における酪農経営の比較分析―」『東北農業試験場研究資料』24号，pp.1-17.

藤田直聡・久保田哲史・若林勝史（2016）「TMRセンターにおける粗飼料生産の外部委託への変更要因と委託費の上限」『農業経営研究』，54（3），pp.1-14.

濱村寿史（2021a）「繋ぎ飼養経営が導入する濃厚・粗飼料自動給餌機の経済性評

価」『北農』第88巻3号，pp.2-8.
濱村寿史（2021b）「TMRセンターにおける多機能化とその背景―北海道における農場制型TMRセンターを対象に―」『農業経営研究』59（2），pp.49-54.
花田正則（2003）「放牧でどこまで乳生産ができるか」松中照夫編著『放牧で牛乳生産を』酪農総合研究所，21-36.
原仁（2006）「北海道における搾乳ロボットの導入実態と経営評価」『農業機械学会誌』第68巻1号，pp.20-23.
原仁（2007）「北海道型TMRセンターの設立と運営のあり方」『北草研報』41，pp.15-18.
氷見理・金子剛（2021）「コントラクターにおける人材派遣企業利用による非常勤オペレーターの確保の可能性と課題」『畜産の情報』380，pp.51-61.
日向貴久（2008）「農場制型TMRセンターの生産体系に与える影響と効果」『粗飼料の生産・利用体制構築のための調査研究事業報告書』農政調査委員会，pp.75-85.
平泉光一（1995）「圃場条件が水田農業の生産性に及ぼす影響に関する実証的研究」東京大学学位請求論文.
北海道農業構造研究会（1986）「草地型酪農の産業構造問題」『北海道農業の切断面』北海道農業構造研究会，pp.113-126.
北海道農政部（1998）『平成10年普及奨励ならびに指導参考事項』，pp.116-117.
北海道農政部（2009）『自然循環型酪農（放牧）取組指針』.
北海道農政部（2022）『コントラクター実態調査結果』.
伊藤忠雄（1991）『現代農業生産組織の経営論』農林統計協会.
岩崎徹・牛山敬二（2006）『北海道農業の地帯構成と構造変動』北海道大学出版会.
金子剛・三宅俊輔・岡田直樹（2014）「北海道における自給飼料主体TMRセンターの収益実態と運営安定化方策」『北農』81（1），pp.26-33.
駒木泰・天間征（1989）「北海道酪農の技術進歩に関する分析―費用関数によるアプローチ―」『北海道大学農經論叢』，45，pp.75-93.
釧路総合振興局・根室総合振興局（2016）『酪農への新規就農・就業等に関する調査報告書，pp.13-14.
松本匡祐・仙北谷康・金山紀久（2018）「搾乳ロボットの導入による経営改善効果と酪農家の経営行動」『フロンティア農業経済研究』20（2），pp132-138.
松岡淳（1997）「圃場条件を考慮に入れた作業受託コストの計測―愛媛県広見町における農業公社を事例として―」『農林業問題研究』，pp.191-199.

[引用文献]

宮沢香春（1984）「草地型酪農経営の生産構造」『日草誌』30（3），pp.297-302.

村上智明（2013）「ローリングウインドウ法を用いた酪農技術進歩の計測」『農業経営研究』16（1），pp.37-42.

中辻浩喜（2008）「土地利用の視点から乳牛飼養を考える─必要土地面積の試算─」『北草研報』42，pp.7-11.

中辻浩喜（2009）「自給粗飼料主体の牛乳生産における土地利用方式に関する研究」『北草研報』43，pp.1-4.

中辻浩喜（2021）「飼料の視点から」干場信司監修・北海道酪農の歩みと将来展望を考える会編『北海道酪農の150年の歩みと将来展望』デイリーマン社，pp.28-43.

新山陽子（2017），「経営政策の導入と農業経営の役割」，小池恒夫・新山陽子・秋津元輝編『現代農業と食料・環境』，昭和堂，p.134-135.

岡田直樹（2012）「TMRセンター下における酪農経営間経済格差の形成要因─北海道における事例分析─」『日本農業経済学会論文集』2012年度，pp.45-52.

岡田直樹（2016）『家族酪農経営と飼料作外部化─グループファーミング展開の論理』日本経済評論社.

岡田直樹（2020）「遠隔地域における担い手の不安定化と革新的対応－道北を対象に－」『北海道農業の到達点と担い手の展望』農林統計出版，pp.197-216.

大久保正彦（2002）「草地と放牧」森田・清水編『新版畜産学』文永堂出版，pp.330-346.

大呂興平（2014）『日本の肉用牛繁殖経営－国土周辺部における成長メカニズム－』農林統計協会.

関澤竜郎「都府県における搾乳ロボットの導入条件」，『関東東海農業経営研究』94，2004年，p87-91.

仙北谷康・金山紀久（2019）「搾乳ロボットが酪農経営の収益性向上と労働条件の改善に与える影響」『畜産の情報』354，pp48-56.

千田雅之（2015）「ロボット・IT活用による省力化と個体管理を実現できる酪農モデル」『中央農業総合研究センター研究資料』11，pp34-43.

千田雅之（2016）「放牧方式等の相違による肉用牛繁殖経営の収益性比較」『農業経営研究』54（2），pp.91-96.

七戸長生（1988）「経営展開と資本投下─畜産の発展を素材にして─」『日本農業の経営問題』，北海道大学図書刊行会，pp.33-58.

清水池義治（2018）「北海道における牧草サイレージの流通増加要因と商品化構造

―北海道北部のTMRセンターを事例として―」荒木和秋・杉村泰彦編著『自給飼料生産・流通革新と日本酪農の再生』筑波書房.

清水ゆかり・恒川磯雄・西村和志（2020）「飼料収穫作業における機械体系間の作業効率の比較とコントラクターにおける技術選択に関する考察―GPSロガーによるデータ収集と圃場区画規模別の作業・機械体系間比較―」『農業経営研究』92（1），pp.28-33.

杉戸克裕（2014）「北海道の放牧経営における生産費構造の特徴―牛乳生産費の個票組み替え集計による分析―」『2014年度日本農業経済学会論文集』，pp.37-41.

杉戸克裕（2015）「北海道放牧経営における技術的課題と技術開発方向」『農業経済研究』87（3），pp.225-230.

高橋誠・三嶋健司・上田宏一郎・中辻浩喜・宿野部猛・近藤誠司（2005）「北海道北部草地型酪農地域における放牧及び非放牧乳牛の疾病発生率の違い」『日本家畜管理学会誌』40（4），pp.155-160.

谷川珠子（2018）「飼料利用の観点からの現状と展望」『北海道畜産草地学会報第6巻』，pp.73-76.

辻井弘忠（2005）「日本における放牧の現状」『信州大学AFC報告』3，pp.1-5.

土岐彩佳・首藤久人・茂野隆一（2008）「酪農における規模の経済性と技術進歩に関する研究―北海道を対象としたトランスログ費用関数によるアプローチ―」『2008年度日本農業経済学会論文集』，pp.113-120.

鶴岡康夫（2001）「生産管理行動を考慮した稲作の規模拡大及び収益性に対する圃場条件の影響」『農業経営研究』39（1），pp.1-13.

長命洋佑・南石晃明・横溝功・佐藤正衛（2021）「海外酪農経営におけるICT導入及びクラスター形成の可能性」，『農林業問題研究』57（3），pp.115-122.

中央酪農会議（2017）『平成29年度全国酪農基礎調査』.

鵜川洋樹（1995）『価格変動と肉用牛生産の展開論理』農林統計協会.

鵜川洋樹（2002）「畑地型酪農における集約放牧技術の導入条件」『北海道農業研究センター研究報告』174，pp.25-46.

鵜川洋樹（2006）『北海道酪農の経営展開―土地利用型酪農の形成・展開・発展―』農林統計協会.

鵜川洋樹（2019）「主要作目の立地構造⑤酪農」日本農業経済学会編『農業経済学辞典』，pp.440-441.

梅本雅（2019）「日本農業における技術革新－経過と展望－」，『農業経済研究』91（2），pp207-220.

[引用文献]

浦谷孝義（1997）「ファーム・コントラクターの雇用労働力問題」岩崎徹編著『農業雇用と地域労働市場──北海道農業の雇用問題』北海道大学図書刊行会，pp.221-241.

山田輝也・岡田直樹・三宅俊輔（2011）「搾乳ロボットを導入した酪農経営モデル」，『北農』78（1），pp.14-22.

山口正人・市川治（1999）「酪農専業地帯における和子牛生産の展開要因と課題－北海道の中標津町計根別農協を対象として－」『農業経営研究』37（2），pp.95-98.

山本直之（2017）「酪農経営における搾乳ロボット並びに関連施設導入の費用対効果分析」，『農業経営研究』54（4），pp.114-119.

山本康貴（1988）「わが国酪農における生産性向上と地域間生産性格差の計量分析1968-1985」『帯広畜産大学学術研究報告．第I部』，pp.59-70.

矢尾板日出臣（1985）『農業投資の意思決定』，明文書房．

吉野宣彦（2006）「放牧による低コスト化への動き」岩崎徹・牛山敬二編著『北海道農業の地帯構成と構造変動』北海道大学出版会，pp.398-412.

湯藤健治（2003）「北海道で放牧がなぜ衰退したのか」『北海道草地研究会報』37，pp.10-11.

あとがき

　本書は，筆者が北海道中標津町にある北海道立総合研究機構酪農試験場に在籍した2015～2022年に行った調査・分析をとりまとめたものである。

　本書では，飼料生産基盤に応じた土地利用型酪農経営の展開方向と，それを支えるTMRセンターの機能について考察しているが，当初からのそのような構想を持って調査研究を行っていたわけではなかった。着任当初は酪農について全くの無知であったため，土地利用型酪農と加工型酪農を明確に区別しておらず，地域性も意識していなかった。そして，地元である道東・草地型酪農地帯における酪農経営の実態調査を通じて，飼養頭数規模の拡大や搾乳ロボットの導入，TMRセンターへの加入が酪農経営の経済性に対して，必ずしもポジティブな効果をもたらしていない状況を目の当りにして，政策の方向性に疑問を抱いていた。

　しかし，その後，調査対象地域を畑地型酪農地帯や道北・草地型酪農地帯に拡げる中で，また，技術系の研究者と意見交換を行う中で，飼養頭数規模の拡大や搾乳ロボットの導入の効果，TMRセンターの機能には地帯差があること，その背景に飼料生産基盤の違いがあることを実感するに至った。

　現状の酪農政策は，こうした飼料生産基盤による違いを十分に考慮せず，北海道酪農を一様なものとして捉えているように思われる。しかし，本書で改めて明らかにしたように，飼料生産基盤の違いに起因して，土地利用型酪農のコストや収益性には地帯差がみられる。こうした地帯差を考慮せずに，多額の投資を要する政策を画一的に推進することは，酪農生産基盤の維持を危うくすると考える。特に，草地型酪農地帯は，飼料生産基盤の制約から，畑地型酪農地帯に比べてコスト水準が高く，収益性が低くなりやすいが，耕種農業に不適な条件不利地を活用して食料生産を行い，過疎地域に関連産業を含めた就業機会を創出するという重要な役割を担っている。このことを踏

まえて，飼料生産基盤に応じた土地利用型酪農のグランドデザイン（目指す姿と基本戦略）の策定，及び，その実現に向けた政策が求められる。

「良い研究」とは，それがあることで，ない場合に比べて，物事を理解しやすくなり，先を見通せることができるような研究のことであるという（藤本，2005）。本書が「良い研究」足りえているか，甚だ自信はないが，土地利用型酪農の将来を展望する上での一助となれば，幸いである。

なお，本書の第二部は，筆者が北海道大学に提出した学位論文「土地利用型酪農におけるTMRセンターの機能に関する研究」に大幅な加筆・修正を行ったものである。

学位論文をとりまとめるあたり，北海道大学大学院の東山寛先生にはその構想段階から終始懇切なるご指導をいただき，ご校閲を賜った。また，近藤巧先生ならびに小松知未先生には示唆に富む多くのご教示と有益なご助言をいただいた。

本研究は，元北海道立総合研究機構酪農試験場の原仁氏，岡田直樹氏，大坂郁夫氏，金子剛氏のご指導とご援助により開始したものが核をなしている。研究を進めるにあたっては，諸先輩方から多くのご指導とご助言をいただいた。さらに，北海道農業研究会酪農部会の研究会においては，専修大学北海道短大の寺本先生，秋田県立大学の鵜川洋樹先生，酪農学園の吉野宣彦先生，北海道大学大学院の小林国之先生からも有益なご助言をいただいた。ここに改めて感謝申し上げる。

研究資料の収集にあたっては，分析対象とさせていただいた酪農経営及びTMRセンターの皆様，市町村役場，農業改良普及センター，各JA，釧路農業協同組合連合会，根室生産農業協同組合連合会，十勝農業協同組合連合会，ホクレンの皆様には大変お世話になったことは言うまでもない。お忙しい中，度重なる調査と資料提供へのご協力をいただいた。本来，お名前を挙げてお礼をすべきところではあるが，あまりに多くの方々になるため，略させていただくほかはない。

なお，本書の刊行に際しては，北海道農業研究会出版助成事業により助成

をいただいた。出版を支援していただいた北海道農業研究会の皆さまに心からの謝意を表したい。

　最後に，私事ではあるが，私に教育を受ける機会を与えてくれた両親，研究活動と生活を支えてくれた妻・美由紀と娘・咲樹に感謝したい。

2025年3月　濱村　寿史

　［付記］本書の一部（第13章，第14章）の基となった研究は，JSPS科研費20K15618，23K14035の助成を受けたものである。

初出一覧

序　章　書き下ろし

第1章　書き下ろし

第2章　濱村寿史・金子剛「北海道の酪農経営における土地利用が牛乳生産費に及ぼす影響と規模間差―牛乳生産費の個票組み替え集計による分析―」『農業経済研究』92（1），2020年，pp.17-21.

第3章　濱村寿史・後藤寛満「土地利用が酪農経営における搾乳牛舎投資の経済性に及ぼす影響―北海道におけるフリーストール・搾乳ロボット導入経営を対象として―」『フロンティア農業経済研究』，近刊.
濱村寿史「北海道酪農におけるスマート農業の到達点と課題―草地型酪農地帯における搾乳ロボットを対象として―」『フロンティア農業経済研究』，近刊.

第4章　濱村寿史「草地型酪農地帯における放牧経営の持続に向けた課題」『フロンティア農業経済研究』22（2），2020年，pp.14-21. 濱村寿史・杉本昌仁・遠藤哲代・西道由紀子「フリーストール飼養方式の導入が放牧方式及び牛乳生産費に及ぼす影響―北海道・草地型酪農地帯の放牧経営を対象に―」『農業経営研究』61（2），2023，pp.97-102.

第5章　濱村寿史「酪農経営における和牛繁殖部門の経済性―北海道・草地型酪農地帯を対象に―」『農業経営研究』60（2），2022年，pp.47-52.

第6章　書き下ろし

第7章　濱村寿史・金子剛「TMRセンターへの加入が大規模酪農経営の牛乳生産費に及ぼす影響」『農業経済研究』93（3），2021年，pp.331-336. 濱村寿史・小山毅「TMRセンターが酪農経営の収益性に及ぼ

す影響―草地型酪農地帯におけるTMRセンターを対象に―」『農業経営研究』56（4），2019年，pp.17-22.
第8章　濱村寿史，「道北酪農地帯における酪農経営の持続に向けた課題とTMRセンターの機能」，北海道農業43，2021年，pp.22-33.
第9章　濱村寿史「TMRセンターの雇用導入が自給飼料費用価に及ぼす影響と人材確保の課題―北海道草地型酪農地帯を対象に―」，『農業経済研究』94（3），2022年，pp.197-202.
第10章　濱村寿史「牧草サイレージ生産原価の圃場間格差と農地集積の経済性―北海道草地型酪農地帯におけるTMRセンターを対象に―」『農業経済研究』，『農業経済研究』96（3），2024年，pp.367-372.
終章　書き下ろし

著者紹介

濱村　寿史（はまむら　としふみ）
秋田県立大学生物資源科学部アグリビジネス学科　准教授
博士（農学）

1981年　福岡県生まれ
2004年　北海道大学農学部農業経済学科卒業
同 年　北海道立中央農業試験場
2015年　北海道立総合研究機構根釧農業試験場（現酪農試験場）
2023年　秋田県立大学生物資源科学部アグリビジネス学科

［著書］
「北海道の野菜づくり　経営と産地のための最新栽培マニュアル」
（分担執筆）北海道協同組合通信社，2013年
「激変に備える農業経営マネジメント」（分担執筆）北海道協同組合通信社，2014年
「北海道農業の到達点と担い手の展望」（分担執筆）農林統計出版，2020年
「改定 家畜生産学入門」（分担執筆）サンライズ出版株式会社，2025年

飼料生産基盤と土地利用型酪農経営の展開
北海道酪農を対象に

2025年3月3日　第1版第1刷発行

　　　　　著　者　濱村 寿史
　　　　　発行者　鶴見 治彦
　　　　　発行所　筑波書房
　　　　　　　　　東京都新宿区神楽坂2-16-5
　　　　　　　　　〒162-0825
　　　　　　　　　電話03（3267）8599
　　　　　　　　　郵便振替00150-3-39715
　　　　　　　　　http://www.tsukuba-shobo.co.jp

　　　定価はカバーに示してあります

印刷／製本　平河工業社
© 2025 Printed in Japan
ISBN978-4-8119-0693-5 C3061